Saumya Srivastava
Prahlad Kumar Arya

VARIAÇÃO GENOTÍPICA EM PLANTAS PARA O STRESS DE MICRONUTRIENTES

Saumya Srivastava
Prahlad Kumar Arya

VARIAÇÃO GENOTÍPICA EM PLANTAS PARA O STRESS DE MICRONUTRIENTES

ScienciaScripts

Imprint

Any brand names and product names mentioned in this book are subject to trademark, brand or patent protection and are trademarks or registered trademarks of their respective holders. The use of brand names, product names, common names, trade names, product descriptions etc. even without a particular marking in this work is in no way to be construed to mean that such names may be regarded as unrestricted in respect of trademark and brand protection legislation and could thus be used by anyone.

Cover image: www.ingimage.com

This book is a translation from the original published under ISBN 978-620-7-47004-4.

Publisher:
Sciencia Scripts
is a trademark of
Dodo Books Indian Ocean Ltd. and OmniScriptum S.R.L publishing group

120 High Road, East Finchley, London, N2 9ED, United Kingdom
Str. Armeneasca 28/1, office 1, Chisinau MD-2012, Republic of Moldova, Europe
Printed at: see last page
ISBN: 978-620-7-85159-1

Conteúdo

Saumya Srivastava
Departamento de Botânica, Universidade de Patna, Patna, Índia
Prahlad Kumar Arya
Departamento de Geologia, Faculdade de Ciências de Patna, Universidade de Patna, Patna, Índia

Este livro, intitulado **"Genotypic variation in plants for micronutrient stress"** **(Variação genotípica das plantas para o stress de micronutrientes),** apresenta várias características das plantas relacionadas com a adaptação genotípica ao stress por deficiência de nutrientes.

Foi feita uma tentativa de apresentar uma descrição concisa das bases fisiológicas e genéticas responsáveis pela eficiência dos micronutrientes. O texto também inclui informações breves mas valiosas sobre as funções, sintomas de deficiência e absorção de vários micronutrientes.

O livro inclui uma avaliação crítica da variação genotípica em plantas para várias tensões de micronutrientes de uma forma sequencial, começando com o ferro, que é frequentemente utilizado como modelo para o estudo de elementos minerais.

São fornecidas ilustrações a cores que representam sintomas típicos de deficiência para permitir ao leitor visualizar as perturbações num relance. Entre as características mais salientes contam-se os fluxogramas e os quadros que ilustram o texto.

No final, é também apresentado um capítulo especial sobre a melhoria do estado nutricional das plantas cultivadas através da biofortificação e da nanotecnologia.

INTRODUÇÃO

As espécies vegetais diferem exclusivamente na absorção, translocação, acumulação e utilização de elementos minerais. Há muito que se sabe que existem diferenças na forma como os diferentes genótipos, cultivares, variedades, linhas, consanguíneos e outras espécies de plantas absorvem, translocam, distribuem e utilizam os minerais. Existem grandes diferenças entre os genótipos no que respeita à aquisição de elementos minerais nas plantas. Embora muitas distinções sejam controladas pela genética, o cultivo de plantas em diferentes condições pode ter um impacto significativo na forma como essas diferenças se manifestam. As variações genotípicas ajudam a explicar as adaptações das plantas a muitos stresses de nutrientes minerais em todo o mundo.

Diferentes elementos minerais e espécies vegetais têm processos diferentes que permitem que alguns genótipos de plantas prosperem e produzam em situações de stress mineral, enquanto outros não, ou que permitem que um genótipo acumule ou concentre níveis mais elevados de um determinado elemento do que outro.

Algumas espécies e genótipos de plantas têm a capacidade de crescer e produzir bem em solos de baixa fertilidade. Estas espécies e genótipos são tolerantes à deficiência de nutrientes e dizem-se "eficientes" para esse elemento. Através de certos processos que lhes permitem obter quantidades adequadas de nutrientes (eficiência de absorção) e utilizar mais eficientemente os nutrientes absorvidos (eficiência de utilização), os genótipos eficientes crescem e produzem bem em solos deficientes em nutrientes. Absorção

A eficiência da absorção pode consistir numa maior capacidade de solubilizar formas de nutrientes não disponíveis em formas disponíveis para as plantas ou numa maior capacidade de transportar nutrientes através da membrana plasmática. No entanto, uma maior capacidade de converter nutrientes não disponíveis em nutrientes disponíveis no solo é de maior importância para uma absorção eficiente, especialmente para os nutrientes que são transportados do solo para as raízes por difusão.

Um determinado nível de expressão fenotípica da eficiência nutricional é o resultado de vários mecanismos que podem atuar a diferentes níveis da organização da planta. Pode assumir-se que-

1. A expressão de certos mecanismos de eficiência, bem como a eficácia relativa de vários mecanismos, depende em grande medida de factores ambientais.

2. Mais do que um mecanismo pode ser responsável pelo nível de eficiência

num determinado genótipo.

3. Quando um genótipo é mais eficiente do que outro, isso deve-se a processos extra que o genótipo menos eficiente não possui.

4. Os mecanismos de eficiência diferencial associados a um determinado genótipo podem ter efeitos cumulativos.

Assim, os conhecimentos actuais são suficientes para indicar que muitas culturas ou plantas podem ser melhoradas para uma utilização eficiente dos elementos minerais e uma melhor adaptação às condições de stress mineral.

Entre os vários micronutrientes, os elementos importantes incluem o ferro (Fe), o manganês (Mn), o zinco (Zn), o cobre (Cu), o boro (B), o molibdénio (Mo), o cloro (Cl), etc. Estes são utilizados pelas plantas em pequenas quantidades e foram-lhes atribuídos principalmente papéis catalíticos ou de formação de enzimas. Devido às suas necessidades reduzidas (iguais ou inferiores a 1 ppm), estes elementos foram designados micronutrientes ou oligoelementos. Por outro lado, os elementos que são necessários em quantidades comparativamente maiores, ou seja, mais de 1 ppm, são denominados elementos principais ou macronutrientes e incluem o potássio (K), o cálcio (Ca), o magnésio (Mg), o azoto (N), o fósforo (P), o enxofre (S), etc.

Os microelementos estão disponíveis para as plantas em diferentes formas químicas, quer como iões inorgânicos, quer como moléculas não dissociadas ou complexos orgânicos (por exemplo, quelatos). Se estiverem presentes na forma inorgânica, os microelementos são normalmente fornecidos como iões como o borato BO_3^{3-}, o cloreto Cl, o cúprico Cu^{2+}, o ferroso Fe^{2+} ou o férrico Fe^{3+}, o molibdato MoO_4^{2-} e o zinco Zn^{2+}. É certo que aniões como o molibdénio e o cloro têm de ser transportados ativamente através do plasmalema das células das raízes das plantas. Na maioria dos solos, o boro existe como um anião ou uma molécula neutra, sendo a molécula neutra relativamente permeável através das membranas biológicas. Se o boro é transportado ativamente para as plantas é um assunto de interesse considerável na literatura atual, mas as evidências mais recentes sugerem que, embora possa entrar como molécula neutra, quando as concentrações externas são baixas, como acontece frequentemente em solos ácidos em todo o mundo, a transferência de boro é facilitada.

Os canais de iões divalentes são normalmente utilizados para absorver os metais de transição, que são os restantes micronutrientes para as plantas superiores. Estes canais são muito selectivos para determinados elementos, ou utilizam mecanismos específicos de excreção ativa que dependem das concentrações citoplasmáticas para manter a homeostase.

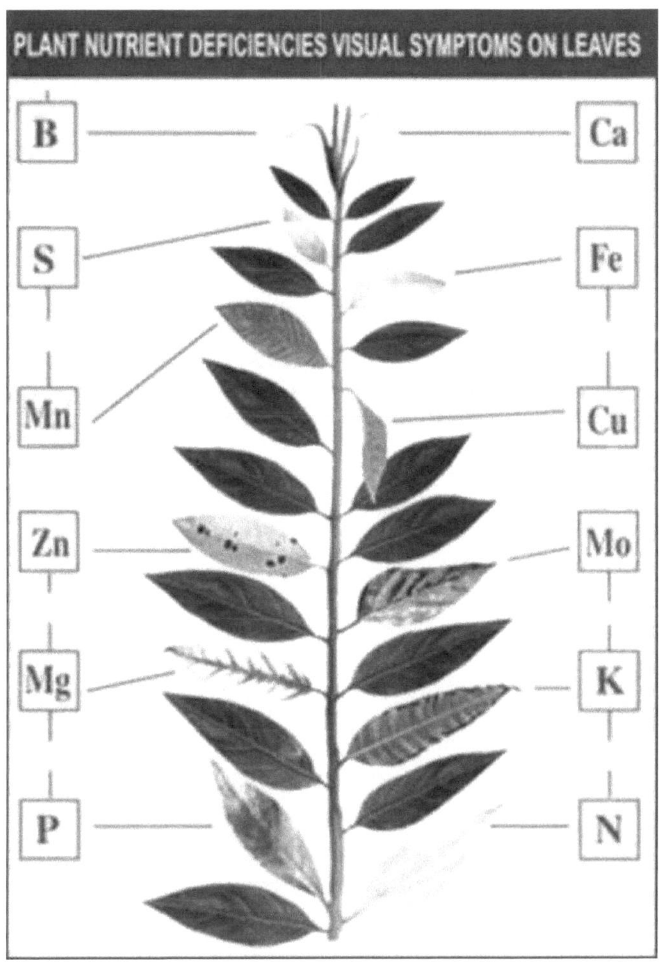

Fig. 1.1 Sintomas de deficiência de nutrientes nas folhas das plantas

CARACTERÍSTICAS DAS PLANTAS ASSOCIADAS À ADAPTAÇÃO GENOTÍPICA AO STRESS POR CARÊNCIA DE NUTRIENTES

Os factores mais cruciais para determinar a especificidade genética atual da nutrição vegetal são a concentração e a absorção de nutrientes por vários genótipos de plantas (Saric, 1987). A eficiência da utilização de nutrientes por uma planta está diretamente ligada à sua tolerância ao stress nutricional nesse genótipo ou espécie em particular. As variações na forma como os diferentes genótipos utilizam os nutrientes estão associadas à capacidade das raízes para absorver nutrientes, à capacidade da planta para os utilizar, ou a ambas. Várias espécies de plantas desenvolveram mecanismos morfológicos e/ou fisiológicos para melhorar a eficiência de aquisição e utilização de nutrientes minerais quando cultivadas em solos pobres e inférteis (Romheld, 1998). Estes sistemas permitem às plantas resistir ao stress da privação de nutrientes. No entanto, dependendo do grau e da duração do stress, ocasionalmente a capacidade de adaptação ao stress é limitada. Por exemplo, alguns factores de stress de nutrientes, quando funcionam durante um longo período, podem resultar na inibição do crescimento e dos processos fisiológicos radiculares responsáveis pela absorção de nutrientes, com a consequência de uma capacidade reduzida de adaptação e tolerância ao stress.

Para um determinado genótipo, a eficiência da utilização de nutrientes reflecte-se na capacidade de produzir um rendimento elevado num solo que é limitante em um ou mais nutrientes minerais para um genótipo padrão (Graham, 1984). A eficiência deve ser comparada em condições de stress e de fornecimento adequado de nutrientes, para verificar as diferenças entre espécies vegetais ou diferenças genotípicas na utilização de nutrientes em condições sub-óptimas e óptimas. A resposta diferencial dos genótipos ao stress de nutrientes está relacionada com a absorção, o transporte e o padrão de utilização dos nutrientes nas plantas (fig. 2.1). O isolamento das diferenças intra-específicas na capacidade de crescimento em condições nutricionais específicas, particularmente sob stress nutricional, é um aspeto crítico na genética nutricional das plantas. Uma vasta gama de características morfológicas, anatómicas e fisiológicas das plantas pode ser responsável por variações na resposta ao stress nutricional numa espécie vegetal. Tais características podem funcionar dentro ou fora da planta para afetar a disponibilidade, absorção, translocação ou utilização de nutrientes. Algumas características fisiológicas e morfológicas das plantas que controlam a sua resistência ao stress nutricional são apresentadas no quadro 2.1.

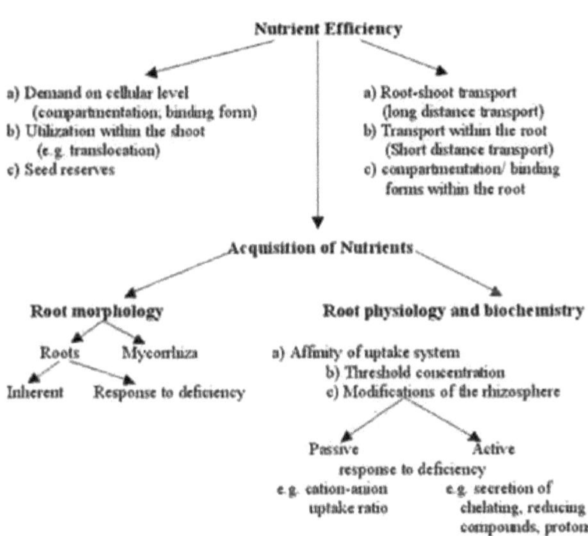

Fig. 2.1 Mecanismos possíveis nas diferenças genotípicas de eficiência nutricional

(Marschener, 1977b)

Tabela 2.1: Características fisiológicas e morfológicas associadas à adaptação genotípica ao stress nutricional

S.N.	Aquisição de nutrientes do ambiente	Movimento de nutrientes da raiz para o xilema	Distribuição e remobilização de nutrientes nos rebentos	Utilização de nutrientes em crescimentoe metabolismo
1	Factores morfológicos (relação raiz-raiz; extensão do sistema radicular; Densidade do sistema radicular)	Transferência através da endoderme	Retransporte de folhas velhas para folhas novas e de partes vegetativas para partes reprodutivas	Capacidade para um metabolismo normal com uma concentração tecidular reduzida de nutrientes
2	Modificação radicular do microambiente	Libertação para o xilema	Quelatos envolvidos no transporte de catiões no xilema	Menor concentração de elementos em estruturas de suporte como o caule

| 3 | Interacções entre microrganismos da raiz | Controlo da taxa de absorção e distribuição de nutrientes | Variação na distribuição de nutrientes entre compostos e compartimentos de armazenamento subcelular | Substituição de elementos |
| 4 | Mecanismo bioquímico de captação de iões | | | |

Fonte: http://www.plantstress.com/articles/min_deficiency_m/mitigation.htm

O principal fator que influencia a capacidade de uma planta para resistir ao stress nutricional são os nutrientes que absorve através das suas raízes. A afinidade de absorção e a concentração limite podem variar significativamente entre genótipos; um exemplo disto é a absorção de fósforo em linhas consanguíneas de milho (Schenk e Barber, 1979). Taxas de influxo diferenciais, rácios comprimento da raiz/peso do rebento, forma do sistema radicular e densidade dos pêlos radiculares são algumas explicações possíveis para as variações na sua capacidade de se desenvolverem em solos com baixo teor de fósforo (Fohse et al., 1988). (Randall, 1995).

Rengel (1997) seleccionou genótipos de trigo resistentes aos stresses de zinco e manganês. O fitosideróforo ácido 2-deoxymugineic foi produzido em concentrações mais elevadas por genótipos de trigo tolerantes à carência de zinco do que por genótipos sensíveis. Além disso, a deficiência de Zn aumentou o número de *Pseudomonas* fluorescentes na rizosfera de todos os genótipos de trigo testados, mas o efeito foi particularmente óbvio para os genótipos tolerantes à deficiência de Zn. Sob stress de Mn, os genótipos de trigo tolerantes à deficiência de Mn tinham uma maior proporção de redutores de Mn para oxidantes de Mn na rizosfera, em comparação com os genótipos sensíveis. Os genótipos de trigo duro eficientes em termos de Mn absorveram mais Mn de solos deficientes em Mn, produziram maior rendimento de grão, rendimento relativo de grão e biomassa acima do solo e, em geral, mantiveram uma maior concentração de Mn nas sementes (Khabaz-Saberi *et al.*, 1997).

Quando exposta a stress por deficiência de ferro, a cultivar de amendoim eficiente em Fe 'ICGV-86031' emitiu mais iões de hidrogénio e redutores a partir das suas raízes, manteve um maior nível de Fe nas folhas e exibiu níveis reduzidos de clorose em comparação com a cultivar ineficiente em Fe 'TCGS-

37' (Reddy *et al.*, 1997). Existem também grandes diferenças na tolerância à deficiência de Fe entre os genótipos de trigo cultivados no campo (Hansen *et al.*, 1996).

A eficiência do Cu no melhoramento do trigo tem sido influenciada pela regulação genética da eficiência do Cu encontrada no braço longo do cromossoma 5 do centeio (Podlesak et al., 1990). Graham (1984) registou um aumento comparável da eficiência do Cu no trigo geneticamente modificado e na forma primaveril do centeio (*Secale cereale* L.).

Foi demonstrado que as plantas transgénicas melhoram a eficiência nutricional e são resistentes ao stress de nutrientes. Este facto foi constatado para o cobre no trigo (Graham *et al.*, 1987); boro e fósforo no tabaco (Brown *et al.*, 1999; Lopez-Bucio *et al.*, 2000).

Capítulo 3

FERRO

Aproximadamente 5% da crosta terrestre é composta por ferro, que se encontra em todos os tipos de solo. Os solos não são geralmente deficientes em Fe, mas podem ser deficientes em formas solúveis e permutáveis de ferro. A maior parte do ferro do solo encontra-se frequentemente nas redes cristalinas de vários minerais. Quantidades apreciáveis de Fe estão presentes em óxidos hidratados como a limonite ($Fe_2O_3.3H_2O$) e na forma de sulfureto. A forma de ferro mais disponível para as plantas é a forma ferrosa, embora possam também ser absorvidas quantidades significativas de ião férrico. A disponibilidade de ferro para a planta é controlada de forma bastante acentuada pelo pH do solo. Em solos ácidos, uma quantidade apreciável de ferro está dissolvida na solução do solo e disponível para a planta. No entanto, em solos neutros ou alcalinos, o ferro é muito mais insolúvel. De facto, um dos perigos da sobredosagem é que o aumento do pH resultante provoca o aparecimento de sintomas de deficiência de ferro nas plantas. No entanto, mesmo em solos pobres em ferro solúvel, este elemento pode estar disponível através do contacto direto das raízes das plantas com partículas de solo que contêm ferro.

O ferro é frequentemente utilizado como modelo para o estudo de outros elementos minerais. A deficiência de Fe é um problema tão grande para muitas plantas cultivadas em muitos solos neutros a alcalinos, especialmente calcários, do mundo (cobrem mais de 30% da terra) que foi dada uma atenção generalizada a este elemento. Outra razão para o estudo das diferenças genotípicas das plantas em relação à deficiência de ferro é que os tecidos vegetais em crescimento ativo requerem um fornecimento contínuo de Fe de fontes externas para se manterem verdes e saudáveis.

Muitas culturas agrícolas em todo o mundo sofrem de deficiência de Fe. Entre as plantas sensíveis à deficiência de Fe encontram-se as maçãs, o abacate, as bananas, a cevada, o feijão, os citrinos, o algodão, as uvas, os amendoins, as batatas, o sorgo, a soja e muitas plantas ornamentais. Em casos extremos, a sua carência pode levar ao fracasso total das colheitas.

Funções

O Fe encontra-se em todas as partes da planta e do protoplasma, mas em quantidades muito pequenas. A sua maior concentração encontra-se no interior dos vacúolos. Funciona como um componente estrutural e como um cofator para reacções enzimáticas. O Fe é um metal de transição; existe em mais do que um estado de oxidação e, por isso, pode aceitar ou doar electrões de acordo com o potencial redox das reacções.

As suas principais funções são

- Actua como agente catalítico na síntese da clorofila.
- Ajuda na formação de importantes enzimas respiratórias e coenzimas como as flavoproteínas, a porfirina de ferro, os citocromos, a peroxidase e a catalase, etc.
- Formação de ferredoxina, que desempenha um papel importante na fixação biológica de N2 e na reação fotoquímica primária.

Sintomas de deficiência

A clorose interveinal pronunciada ocorre primeiro nas folhas mais jovens. Por vezes, a clorose interveinal é seguida de uma clorose das nervuras, pelo que toda a folha fica amarela. Em casos graves, as folhas jovens podem mesmo tornar-se brancas e desenvolver lesões necróticas (fig. 3.1 e 3.2). Os sintomas podem ser gerais ou locais. O facto é que o Fe não se move livremente das folhas mais velhas para as mais novas.

Os sintomas de deficiência interna incluem -

1. Redução da taxa de respiração.
2. Verifica-se a formação de cloroplastos.
3. A síntese proteica é interrompida.
4. Acumulação de grandes quantidades de aminoácidos e amidas livres.

É visível uma forte clorose na base das folhas deficientes em ferro, juntamente com alguma rede verde. Nas zonas branqueadas aparecem frequentemente manchas necróticas. Quando o ferro é aplicado, as folhas recuperam até ao ponto em que ficam quase totalmente brancas. A cor verde forte das nervuras indica que elas cicatrizam mais cedo durante a fase de recuperação. Este distinto esverdeamento venial, observado durante a recuperação do ferro, é provavelmente o sintoma mais reconhecível em toda a nutrição clássica das plantas. Como o ferro tem uma baixa mobilidade, os sintomas de deficiência de ferro aparecem primeiro nas folhas mais jovens. A deficiência de ferro está fortemente associada a solos calcários e a condições anaeróbicas, e é frequentemente induzida por um excesso de metais pesados.

Fig.3.1 Sintomas de deficiência de ferro no tomate (Epstein e Bloom, 2004)

Fig 3.2. Fases da deficiência de ferro na grama preta (de ligeira a grave: I - IV)

Absorção de Fe

À medida que crescem, as plantas verdes precisam de um fornecimento constante de Fe, uma vez que o elemento não se transfere das folhas mais velhas para as mais novas. Embora os solos não tenham inerentemente falta de ferro, as plantas que crescem em solos alcalinos podem não ter acesso a ele. Se as plantas responderem ao stress por deficiência de Fe desencadeando actividades metabólicas que disponibilizem o Fe numa forma útil, são classificadas como "eficientes em termos de Fe"; caso contrário, são classificadas como "ineficientes em termos de Fe". Os redutores e os iões de hidrogénio são libertados pela raiz durante a absorção de ferro que é desencadeada em resposta ao stress de Fe. O pH reduzido e a presença de redutor na zona da raiz, juntamente com a redução de Fe^{3+} a Fe^{2+} na superfície da raiz, permite que o Fe^{2+} seja absorvido principalmente através das raízes laterais jovens. O ferro ferroso está presente em todo o protoxilema e pode ou não ter entrado na raiz através de um transportador. O Fe^{2+} absorvido pela raiz é oxidado a Fe^{3+} na junção do protoxilema e do metaxilema, quelatado por citrato, e depois transportado no metaxilema para o topo da planta. Na planta, as reacções químicas induzidas pelo stress por deficiência de Fe podem afetar a atividade da redutase do nitrato, a utilização do Fe do fosfato de Fe^{3+} e dos agentes quelantes, e a tolerância aos metais pesados. Um mecanismo eficiente de absorção de Fe nas raízes parece ser importante para a utilização eficiente do Fe no topo das plantas (Brown, 1978).

O ferro é o quarto elemento mais abundante na crosta terrestre e constitui uma grande parte do núcleo fundido do planeta Terra. A carência de ferro prevalece nas plantas agrícolas, ainda que a quantidade de ferro no solo possa ser 10.000 vezes superior à da vegetação nele produzida. A disponibilidade limitada do ferro na presença de oxigénio, nomeadamente a valores de pH moderados e elevados do solo, é a causa desta anomalia. O produto de solubilidade de alguns compostos formados no solo que precipitam o ferro é da ordem de 10^{-35}. Estas formas de ferro no solo só são solubilizadas por diminuição do pH, por complexação do ferro férrico [Fe (III)] e/ou por redução do Fe (III) a ferro ferroso [Fe (II)]. [3]As estratégias utilizadas pelas raízes das plantas para aceder ao ferro exploram cada uma destas opções químicas, mas os mecanismos variam entre as espécies de tal forma que dividem a espécie vegetal em dois grupos conhecidos como plantas de estratégia I (fig. 3.3) e de estratégia II (fig. 3.4). Este último grupo é constituído pelas Gramíneas e o primeiro inclui todas as plantas dicotiledóneas e as plantas monocotiledóneas não gramíneas.

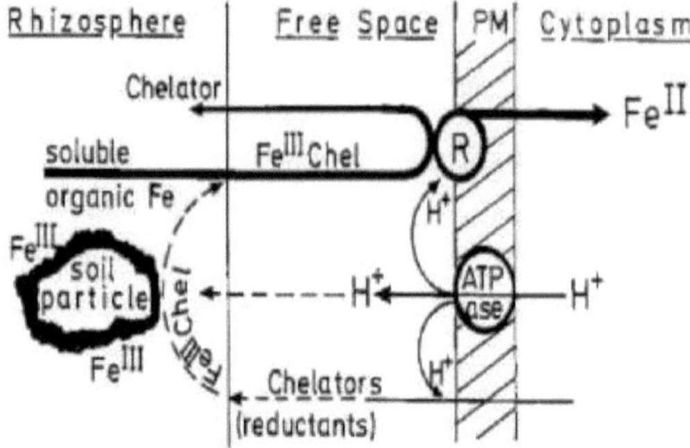

Fig. 3.3 Estratégia I: regulação positiva do sistema constitutivo de absorção de ferro, uma caraterística das plantas dicotiledóneas
R- Redutase induzível; PM- Membrana plasmática

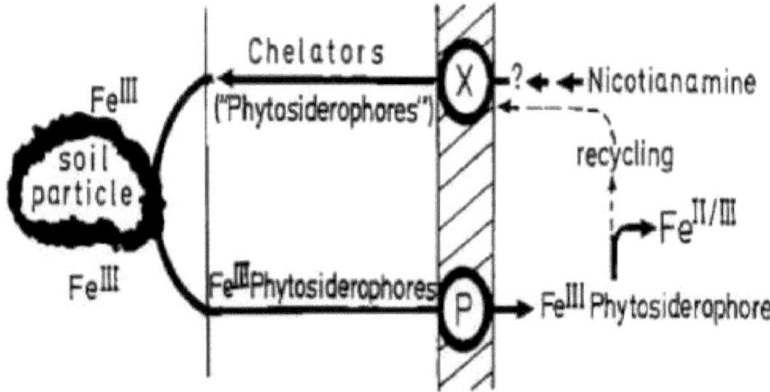

Fig. 3.4 Estratégia II: Sistema de captação induzida de ferro altamente eficiente em plantas gramináceas.
X- Libertação reforçada de fitossideróforos; P- Sistema de absorção específico para fitossideróforos Fe(III).
Ambos induzidos em condições de deficiência de Fe

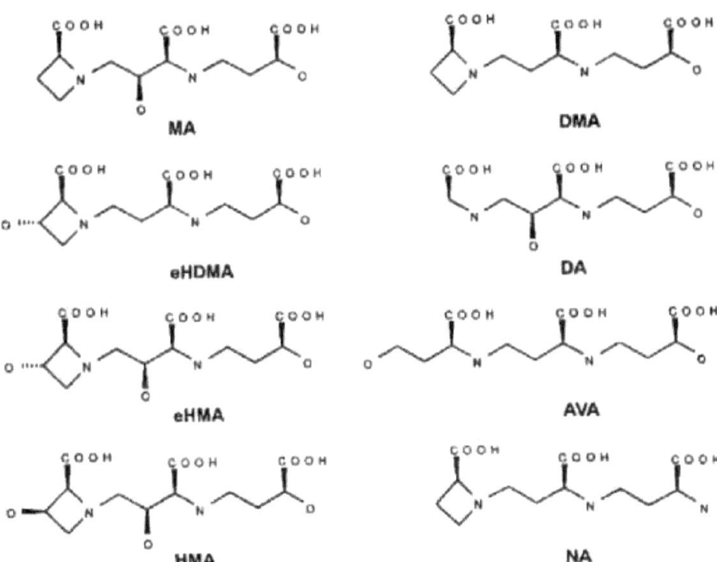

Fig 3.5 Fitosideróforos conhecidos em exsudados radiculares de gramíneas

Ambos os grupos possuem um mecanismo constitutivo suficiente para fornecer formas abundantes e acessíveis de ferro às plantas cultivadas em solos férteis. O sistema constitutivo é composto por uma bomba de extrusão de protões accionada por ATP e uma redutase férrica ligada à membrana que está ligada a um transportador ou canal de iões divalentes. Foi demonstrado por Rogers et al. (2000) que a seletividade para os diferentes catiões divalentes é produzida por alterações de um único aminoácido na sequência desta proteína de canal. Num bom solo, estas duas actividades membranares permitem à maioria das plantas obter ferro suficiente. No entanto, a clorose férrica, ou amarelecimento dos tecidos foliares, ocorre em solos deficientes em ferro, e mecanismos adicionais de aquisição de ferro são activados para restaurar o estado de ferro das plantas. Estas respostas geradas em ambas as técnicas são completamente inibidas e limitadas às zonas apicais das raízes.

As plantas da Estratégia I regulam a bomba de extrusão de protões e a redutase férrica em resposta a indicações de baixo nível de ferro, introduzindo uma nova proteína de 70 kDa na membrana. Além disso, muitas plantas da Estratégia I têm um mecanismo para excretar ligandos de ligação ao ferro e redutores solúveis, que são normalmente fenóis. Todas estas alterações destinam-se a solubilizar o ferro através de cada um dos processos mencionados, mas os processos só se expressam nas zonas apicais das raízes, onde as adaptações estão associadas a alterações na morfologia da raiz e ao aparecimento de células de transferência com membranas invaginadas. Dado que a bomba de protonextrusão e um pH baixo são os dois motores da redutase, o bicarbonato inibe eficazmente a atividade da enzima em solos com pH elevado. Esta é a causa da grave clorose férrica que as plantas dicotiledóneas de solos com pH elevado apresentam. Uma caraterística das plantas da Estratégia II é a sua insensibilidade ao bicarbonato, que desencadeia uma via totalmente nova para a mobilização do ferro em resposta ao stress de ferro. As plantas da Estratégia II sintetizam e libertam aminoácidos não proteicos conhecidos como fitossideróforos (PS) (fig. 3.5) ou fitometalóforos - este último termo reconhece que estes aminoácidos são capazes de quelar a maior parte dos metais de transição, e não apenas o ferro - para o solo, em vez de regularem o sistema constitutivo. Por serem solúveis e menos carregados positivamente do que os iões férricos no solo, podem formar quelatos solúveis fortes e fluir livremente em direção à raiz nas películas solo-água. Além disso, as plantas da Estratégia II possuem constitutivamente uma proteína transportadora altamente específica [os genes que codificam este transportador pertencem muito provavelmente à família da proteína de macrófago associada à resistência natural (NRAMP) ou à família do transcrito responsivo ao interferão (IRT-1)]. Esta proteína transportadora altamente específica, que não está presente nas plantas da Estratégia I, reconhece e transporta o seu quelato férrico específico através da membrana. No citoplasma, o ligando é separado do metal por redução deste último, que é então armazenado na fitoferritina ou transportado na planta com ligandos específicos do ferro, como a nicotianamina. Em geral, os cereais de grão pequeno, como a cevada, o trigo, a aveia e o centeio, são os que apresentam maior expressão, o que explica a sua notável adaptação aos solos de pH elevado que se encontram tipicamente nas zonas semi-áridas de cultivo de cereais de inverno em todo o mundo. As espécies de gramíneas contêm os vários membros da família PS em proporções únicas. O ferro parece entrar na biosfera a partir da litosfera principalmente através da via PS. Estranhamente, o PS é libertado das raízes numa base diurna, com um pico algumas horas após o nascer do sol. À semelhança das plantas da Estratégia I, estes sistemas induzíveis parecem ser energeticamente exigentes porque a produção de PS é rapidamente reduzida à medida que as plantas atingem o estado de ferro adequado. Para além de ligar o ferro, a PS pode também melhorar a absorção de zinco, cobre e manganês. Mas o mecanismo não é provocado por uma falta destes outros metais de transição na planta, talvez com exceção do zinco. Todos os catiões divalentes serão mais facilmente absorvidos se os protões, os redutores e os ligandos de ligação aos metais forem produzidos de forma constitutiva.

Genótipos eficientes em termos de Fe

Bases fisiológicas da eficiência do Fe

As características genotípicas que afectam os sintomas de deficiência de Fe têm-se centrado na capacidade das plantas para solubilizar, absorver e utilizar o Fe de forma mais eficiente. Os genótipos que têm a capacidade de tornar o Fe da rizosfera mais disponível para absorção pelas raízes e que são capazes de aumentar a disponibilidade de Fe no interior da planta são considerados **"eficientes em termos de Fe"**.

As propriedades que os genótipos de plantas mais "eficientes em termos de Fe" geralmente apresentam são

1) As suas raízes têm uma maior capacidade de reduzir o Fe (III) a Fe (II), produzindo iões de hidrogénio e/ou redutores de Fe (III) quando necessário.

2) As plantas possuem compostos quelantes e de armazenamento ou apresentam processos químicos/fotoquímicos no interior da planta que regulam a disponibilidade e a utilização do Fe.

3) As plantas apresentam menos complicações decorrentes de elementos interferentes como P, Ca, Cu, Zn, Mo, Al e metais pesados.

Grande parte do Fe medido na folhagem ou nas raízes das plantas pode encontrar-se armazenado na fitoferritina ou precipitado nas superfícies das raízes. Assim, a fração de Fe ativo nos tecidos das plantas deve ser conhecida antes de se interpretar a concentração total de Fe na planta. Foram frequentemente registadas concentrações totais de Fe mais elevadas em tecidos **"deficientes em Fe"** do que em tecidos verdes. A concentração de Fe no tecido verde normal pode variar muito consoante a espécie e a parte da planta.

Foram efectuadas investigações sobre a absorção e redução de Fe por raízes excisadas de diferentes porta-enxertos de videira e de uma cultivar de *Vitis venifera*. A utilização do Fe do solo pelas plantas é controlada geneticamente. Uma cultivar que pode utilizar o Fe num solo alcalino é chamada eficiente em termos de Fe, enquanto uma cultivar que desenvolve clorose de Fe é chamada ineficiente em termos de Fe (Brown e Jones, 1976).

A mobilização de Fe na rizosfera deve-se tanto a mecanismos básicos ou não específicos como a mecanismos adaptativos (Marschner, 1986). Os mecanismos adaptativos ou induzíveis entre genótipos e as suas diferenças podem ser classificados de acordo com 2 estratégias. 1st estratégia é exibida por dicotiledóneas e monocotiledóneas, exceto gramíneas. 2nd estratégia é exibida pela cevada, aveia, arroz e gramíneas. No entanto, ainda não foram obtidas provas da extensão da resposta ao stress de Fe na videira, embora tenham sido relatadas investigações sobre alguns mecanismos básicos de mobilização de Fe na rizosfera de diferentes genótipos de videira (Maggioni, 1980; Varanini e

Maggioni, 1982).

Quadro 3.1 Taxa de absorção de Fe, capacidade redutora, diâmetro radicular e ocorrência de pêlos radiculares em raízes excisadas de diferentes genótipos de videira.

Genótipos	Feuptake taxa n mol/g de peso fresco x 30'	Redução da capacidade mol Fe(II) /g de peso fresco x h	Diâmetro da raiz (mm)	Cabelo de raiz ocorrência
140 Ru	1.2	213	0.82	++
SO4	1.0	181	0.69	++
101-14	0.9	133	0.48	+
Pinot blanc	0.8	65	0.80	+++
LSD 0,05	0.21	36	0.11	

Foram observados muito poucos pêlos radiculares no porta-enxerto 101-14, ineficiente em Fe. Os pêlos radiculares foram mais numerosos em 140 Ru e SO4, enquanto os pêlos radiculares foram mais numerosos em Pinot blanc (quadro 3.1).

O resultado enfatiza as diferenças genéticas que existem entre os genótipos para os parâmetros fisiológicos e morfológicos em resposta ao stress de ferro. Verificou-se uma estreita relação entre as respostas acima mencionadas dos genótipos e os seus graus conhecidos de resistência à clorose induzida pela cal. Por exemplo, a videira enxertada em porta-enxertos 140 Ru ou SO4 é cultivada em solos calcários e pode ser considerada eficiente em termos de Fe, enquanto a videira enxertada em porta-enxertos 101-14 pode ser considerada ineficiente em termos de Fe. Os primeiros porta-enxertos eficientes em termos de Fe também apresentaram as taxas mais elevadas de absorção de Fe e de redução de Fe^{3+}. A correlação entre a taxa de absorção e a capacidade de redução de cada genótipo confirma a redução obrigatória dos quelatos férricos na absorção de Fe.

Estes parâmetros fisiológicos poderiam ser utilizados em programas de melhoramento, para selecionar novos porta-enxertos resistentes à clorose induzida pela cal. As diferenças fisiológicas entre os genótipos dos três porta-enxertos ocorreram em simultâneo com as alterações morfológicas, como o diâmetro da raiz e o aparecimento de pêlos radiculares.

Foram examinadas as diferenças nas respostas à deficiência de Fe entre 2 cultivares de grão-de-bico (*Cicer arietinum*), NP- 62 e K-850. As folhas apicais da NP- 62 mostraram rapidamente sintomas de clorose por deficiência de Fe quando cultivadas num meio sem ferro. Em contrapartida, a K-850 não apresentou sintomas visíveis no mesmo meio. Os conteúdos de Fe das folhas apicais destas duas cultivares foram semelhantes durante os primeiros 7 dias após terem sido transferidas para o meio sem Fe, apesar de uma diferença acentuada na atividade de redução de Fe associada à raiz^{3+} . A suscetibilidade da clorose por deficiência de Fe observada na NP-62 não foi atribuída à fraca atividade de redução de Fe^{3+} das raízes mas à utilização ineficiente de Fe nas folhas em condições em que o fornecimento de Fe era limitado.

Bases genéticas da eficiência

A genética da redutase induzível ligada à membrana das plantas dicotiledóneas foi estudada pela primeira vez por Weiss (1943), utilizando um dos mutantes com deficiência de ferro que aparecem periodicamente nos programas de melhoramento da soja. Numa série de estudos elegantes, Weiss enxertou enxertos e porta-enxertos de linhas de soja eficientes e ineficientes e mostrou que a caraterística é expressa nas raízes, mas o fenótipo é expresso no rebento. Investigações posteriores revelaram que este gene principal dominante regula a função da redutase férrica da membrana. Todo o material de reprodução viável é, no entanto, eficiente em termos de ferro e de tipo selvagem neste locus nos programas de reprodução. Investigações posteriores encontraram cerca de 20 genes com um pequeno impacto que podem aumentar a eficiência da soja em termos de ferro; isto foi importante para ajustar a cultura aos solos de pH mais elevado do Midwest dos Estados Unidos. Na mesma cultura, foram identificados vários genes com eficiência de zinco e é provável que sejam aditivos.

A genética da produção de PS pode ser bastante complicada com base na via biossintética; no entanto, Mori e colegas (1989, 90) esclareceram a bioquímica deste sistema, e as etapas foram ligadas a regiões específicas do cromossoma da cevada. Parece que um locus no cromossoma 4HS é particularmente significativo. Numa população duplamente haploide derivada do cruzamento das cevadas Sahara e Clipper, Lonergan (2001) descobriu que este locus regula a quantidade de zinco nas folhas. Este locus controla a síntese do ácido mugineico a partir do ácido 2'-desoximugineico. Está também intimamente ligado a um gene de grande efeito que confere a eficiência do manganês na cevada, bem como a uma região homóloga do centeio que confere não só parte do traço de eficiência do zinco, mas também transporta um gene principal com um efeito dominante para a eficiência do cobre (Graham, 1984). Os genes homólogos do trigo duro também se encontram nesta região. Entre linhas avançadas de melhoramento eficientes e ineficientes, a eficiência do manganês na cevada e no trigo duro envolve pelo menos dois loci. Assim, a eficiência agronómica do ferro, do zinco e do manganês nos cereais (e nas poucas dicotiledóneas investigadas) parece ser poligénica, com exceção de um gene significativo para a eficiência do cobre no centeio.

Capítulo 4

ZINCO

Um dos micronutrientes cruciais necessários para o melhor crescimento possível das culturas é o zinco. O zinco é absorvido pelas plantas no seu estado divalente.

Funções

• O zinco é um elemento essencial, necessário para a manutenção de toda a vida. O corpo humano tem centenas de milhares de proteínas, das quais se pensa que 3.000 possuem grupos prostéticos de zinco, entre os quais se encontra o dedo de zinco.

• Participa na síntese do triptofano e das auxinas (IAA).

• Ativa o metabolismo da enzima álcool desidrogenase.

• Aumenta a produção de citocromo a, b e citocromo oxidase.

• Envolvido na função da enzima anidrase carbónica.

• Participa na síntese de proteínas.

Sintomas de deficiência

As folhas mais jovens tornam-se amarelas e as superfícies superiores interveínicas das folhas maduras começam a apresentar picaduras nas fases iniciais da carência de zinco (fig. 4.1). A gutação também é comum. À semelhança dos sinais de cura da carência de ferro, estes sintomas agravam-se para uma forte necrose interveinal, enquanto as nervuras principais continuam verdes. Muitas plantas, particularmente as árvores, apresentam um aspeto de roseta, devido ao encurtamento dos entrenós e ao facto de as folhas se tornarem extremamente pequenas.

As culturas plantadas em solos ácidos muito desgastados e em solos calcários sofrem frequentemente de deficiências de zinco. A insuficiência de ferro está frequentemente associada a défices em solos calcários. No trigo, os sintomas de deficiência de zinco manifestam-se três a cinco semanas após a emergência, enquanto no arroz se manifestam duas a quatro semanas após a transplantação.

Fig. 4.1. Deficiência de zinco no tomateiro (Epstein e Bloom, 2004)

Absorção de Zn

O zinco é necessário em níveis baixos nas plantas, a concentração crítica de deficiência nos rebentos varia entre 10 e 15 mg/kg na maioria das espécies de gramíneas e entre 20 e 30 mg/kg na maioria das espécies dicotiledóneas. O zinco é absorvido pelas plantas no seu estado divalente. Desconhece-se ainda se esta absorção é mediada por um transportador específico ou se é promovida por difusão através de membranas específicas para o ião zinco. Concluiu-se que ambos os mecanismos funcionam e que cerca de 90,5% do zinco total requerido pelas plantas se move em direção às raízes por difusão. Devido a este movimento lateral do zinco, que depende fortemente da humidade do solo, a falta de zinco pode ser mais comum, especialmente em locais áridos e semi-áridos. Como o fornecimento de Zn por fluxo de massa é limitado e a difusão é o principal processo para que o Zn chegue às raízes, as características da morfologia e vitalidade das raízes são cruciais para que a planta explore eficazmente o zinco nos solos.

A grande maioria do zinco está presente na estrutura de rede do solo e, por conseguinte, não está disponível para satisfazer as necessidades nutricionais das plantas. O zinco disponível no solo está dissolvido na solução do solo na forma iónica ou complexa e pode ser encontrado nos locais de troca dos minerais de argila e da matéria orgânica. O hidróxido de zinco, o cloreto de zinco e os catiões divalentes adsorvidos são outras formas de zinco que podem ser encontradas. O pH do solo tem um impacto significativo na solubilidade do zinco. Como o carbonato de cálcio aumenta o pH do solo, reduz a disponibilidade do zinco. Em solos calcários alcalinos, a produção de carbonato de zinco é a causa exacta da baixa disponibilidade de zinco. A insuficiência de zinco é também frequentemente causada por níveis elevados de fósforo no solo. A presença de uma quantidade excessiva de cobre também pode reduzir a disponibilidade de zinco porque a absorção de ambos os catiões é feita através do mesmo mecanismo, o que causa interferência na absorção. A aplicação de magnésio, por outro lado, pode melhorar a disponibilidade do zinco e a sua absorção pelas raízes.

Os tecidos do xilema transportam o zinco das raízes para os rebentos. No entanto, foram detectados níveis elevados de zinco nos tecidos do floema, o que indica que o zinco se move através de ambos os tecidos de transporte, e talvez a remobilização do zinco para o grão durante a maturação. Uma translocação substancial de zinco ocorre das folhas mais velhas para as mais novas durante a fase de desenvolvimento do grão. O zinco não é retranslocado das folhas mais velhas em plantas deficientes em azoto, sugerindo que os sintomas de falta de zinco são mais graves nestas plantas.

Em comparação com a absorção de Fe, foram efectuados relativamente menos estudos sobre os mecanismos subjacentes à absorção de Zn pelas plantas superiores. O mecanismo primário aparente das plantas superiores para regular a absorção de zinco é o transporte de zinco através da membrana plasmática, que é principalmente dependente da genética e do metabolismo. Os mecanismos especulados de absorção de Zn na planta incluem:

1. Transporte termodinâmico de Zn impulsionado pelo gradiente de potencial eletroquímico através da membrana.
2. Transportado através de uma bomba de iões operada pela H(+)-ATPase
3. Envolvimento do sistema de transporte de Zn-quelato e
4. Envolvimento de canais iónicos.

Genótipos eficientes em termos de Zn
Bases fisiológicas da eficiência do Zn
A deficiência de Zn é um dos problemas nutricionais dos solos a nível mundial e é a deficiência de micronutrientes mais generalizada, diminuindo a produção e a qualidade das culturas em cereais como o trigo, o arroz e outras espécies de culturas.

Os genótipos de plantas variam muito quanto à sua tolerância a solos deficientes em Zn. A tolerância a solos deficientes em Zn, como caraterística genética, é normalmente designada por eficiência de Zn e definida como a capacidade de uma cultivar crescer e produzir bem em solos demasiado deficientes em Zn para uma cultivar padrão. O cultivo de plantas eficientes em termos de Zn em solos deficientes em Zn representa a estratégia de "adaptar as plantas ao solo", que pode ser uma abordagem rentável para aumentar o rendimento das culturas em solos deficientes em Zn prevalecentes no mundo.

Foram identificadas variações genotípicas na eficiência do Zn numa série de espécies de culturas, incluindo espinafres (*Spinacea oleracea*), batata (*Solanum tuberosum*), feijão (*Phaseolus vulgaris*), tomate (*Lycopersicon esculentum*), painço (*Pennistum americanum*), sorgo (*Sorghum vulgare*), milho (*Zea mays*), aveia (*Avena sativa*), trigo (*Triticum aestivum*), arroz (*Oryza sativa*) e outras.

Podem estar em jogo vários mecanismos em diferentes espécies e genótipos de uma mesma espécie. Estes processos podem estar activos na envolvente do solo ou a outros níveis da organização da planta, como o molecular, fisiológico, estrutural ou de desenvolvimento. Diferentes mecanismos podem ser responsáveis pela eficiência do zinco em diferentes espécies ou genótipos de uma espécie e mais do que um mecanismo pode ser aplicado a uma espécie. São sugeridos os seguintes mecanismos

1. Exsudação radicular de ácidos orgânicos e quelantes.
2. Tolerância inerente ao efeito inibitório do bicarbonato.
3. Infeção de micorrizas vesiculares arbusculares.
4. Diferenças na geometria das raízes.
5. Absorção e transporte da raiz para o rebento.

De acordo com estudos efectuados por Graham et al. (1992) e Cakmak et al. (1996), os genótipos de trigo variam na sua capacidade de resistir a deficiências de zinco, sendo o trigo duro tipicamente menos tolerante do que o trigo panificável. Em comparação com os genótipos sensíveis, a tolerância dos genótipos de trigo panificável às carências de Zn e Fe foi demonstrada pelo seu crescimento relativo dos rebentos e peso seco (Rengel e Romheld, 2000).

As espécies de cereais, bem como os genótipos de um determinado cereal, diferem muito na adaptação a condições de deficiência de Zn. Verificou-se que a suscetibilidade dos cereais à deficiência de Zn diminuía por ordem: trigo duro > aveia > trigo para pão > cevada > triticale > centeio. O centeio teve a maior eficiência de Zn de todos os cereais. Sob extrema deficiência de Zn, nem a produção de biomassa nem o rendimento de grãos de centeio foram afectados (Cakmak et al., 1997b). A eficiência do Zn baseia-se em múltiplos processos fisiológicos. Estes incluem o aumento do crescimento radicular (Dong et al., 1995), a absorção e translocação de Zn das raízes para os rebentos (Cakmak et al., 1996a; Rengel e Graham, 1996), fito-sideróforos que mobilizam o zinco libertado pelas raízes (Cakmak et al., 1996b; Erenoglu et al., 1996), e a utilização interna de Zn (Cakmak et al., 1996b; Rengel, 1995). A eficiência do

Zn é aumentada através da utilização de linhas disómicas de adição trigo-centeio (Triticum aestivum L., cv. Holdfast-Secale cereale L., cv. King-II). A gravidade dos sintomas de deficiência foi reduzida quando os cromossomas do centeio, nomeadamente 1R, 2R e 7R, foram incluídos na Holdfast (Cakmak et al., 1997a).

Genética da eficiência do Zn

Embora certas vias fisiológicas ligadas à eficiência do zinco tenham sido bem documentadas, pouco se sabe sobre a forma como estes sistemas são controlados geneticamente. Recentemente, Schlegel *et al* (1997) descobriram que os cromossomas 1R e 7R do centeio parecem conter genes que afectam a eficiência do Zn.

As diferentes respostas dos genótipos de soja ao fertilizante de Zn parecem resultar da eficiência diferencial de absorção de Zn. A distribuição das linhas F3 do cruzamento entre genótipos eficientes e ineficientes em termos de zinco sugere que apenas alguns genes controlam a caraterística de eficiência de Zn na soja.

O Zn pode ser absorvido pelas raízes das plantas através de proteínas de transporte localizadas na membrana plasmática. Grotz *et al* (1998) registaram os primeiros genes transportadores de Zn clonados de *Arabidopsis thaliana*. Verificaram que a expressão destes três genes designados ZIP1, ZIP2 e ZIP3 em levedura conferia actividades de captação de Zn. Nas plantas, ZIP1 e ZIP3 são expressos nas raízes em resposta à deficiência de Zn, sugerindo que codificam as proteínas para o transporte de Zn através das membranas das raízes. Embora a expressão de ZIP2 não tenha sido detectada, um quarto gene relacionado de *Arabidopsis* identificado por sequenciação do genoma, ZIP4, é induzido tanto nos rebentos como nas raízes de plantas com deficiência de Zn.

A deficiência de zinco é comum na macieira e está associada a um fraco crescimento da árvore, produção e qualidade dos frutos. As pulverizações foliares correctivas e/ou as aplicações de Zn no solo são apenas parcialmente eficazes e podem elevar o Zn no solo para níveis preocupantes do ponto de vista regulamentar.

Capítulo 5

BORÃO

O boro está presente no solo sob a forma de ácido bórico, borato de cálcio e manganês e silicatos. Com o aumento do pH do solo, o boro torna-se menos disponível para as plantas. Exceto no caso das plantas que utilizam açúcares complexos como o sorbitol como metabolitos de transporte, o floema da maioria das outras plantas não consegue transportar o boro de forma eficaz. Em um estudo recente, foi demonstrado que plantas de tabaco modificadas para produzir sorbitol tinham maior mobilidade de boro e podiam suportar deficiências de boro no solo com mais eficiência (Brown et al., 1999).

Funções

• O boro ajuda a facilitar o transporte de açúcar no floema, o que acaba por estar implicado em várias actividades metabólicas das plantas.

• O boro está envolvido, juntamente com o cálcio, na estrutura da parede celular. Está envolvido no movimento de Ca para dentro da planta e na nutrição normal de Ca nas plantas.

• Ajuda a regular os níveis hormonais nas plantas que, em última análise, regulam o crescimento e a reprodução das plantas.

• O boro é essencial nas regiões de crescimento ativo das plantas, como as pontas das raízes e no desenvolvimento de novas folhas e botões.

Sintomas de deficiência

• Provoca a morte do rebento e do ápice da raiz.

• Verifica a floração.

• As nervuras das folhas adquirem uma cor acobreada.

• Acumulação de hidratos de carbono e aminoácidos nas folhas.

• Provoca a doença "top sickness" no tabaco.

• Retarda a formação de nódulos radiculares em leguminosas.

• Provoca a "doença da podridão do coração da beterraba sacarina".

As folhas com deficiência de boro apresentam uma leve clorose geral (fig. 5.1). O grau em que as plantas podem tolerar o boro varia muito; de facto, as plantas que são altamente dependentes do boro podem tornar-se venenosas em quantidades de boro necessárias para o seu crescimento.

Fig. 5.1. Sintomas de deficiência de boro no tomateiro (Epstein e Bloom, 2004)

Absorção de B

As evidências sugerem que, com um fornecimento elevado de B, a absorção de B parece ser principalmente através de um processo passivo, enquanto que com um fornecimento baixo, existe um mecanismo para concentrar B contra o nível externo e uma absorção ativa dependente de energia a curto prazo.

O ácido bórico é um ácido muito fraco em solução aquosa, pelo que o B se apresenta principalmente sob a forma de ácido bórico, B(OH)3, no solo ou em soluções nutritivas a um pH fisiológico. O ácido bórico tem a capacidade de formar complexos cis-diol com muitos compostos orgânicos, como o manitol no aipo. Martini e Thellier (1993) descobriram que a maior parte do boro absorvido estava associada à parede celular, com uma pequena porção no citoplasma e praticamente zero no vacúolo, de acordo com estudos de traçadores de isótopos de B (Boro-10 e Boro-11) (Brown e Hu,1994).

B genótipos eficazes

Bases fisiológicas da eficiência

Existem boas provas que demonstram que as espécies vegetais ou os genótipos variam muito nas suas respostas ao baixo teor de B nos solos. Considera-se que as dicotiledóneas necessitam de mais B do que as monocotiledóneas e que os produtos hortícolas das famílias Crucifereae e Umbellifereae têm elevadas necessidades de B (Martens e Westermann, 1991).

A gama de variação dentro das espécies pode, por vezes, ser tão ampla que a classificação das espécies pode mudar com os genótipos que estão a ser comparados, conforme ilustrado no quadro 5.1. Por exemplo, a ordem da eficiência B entre a soja (*Glycine max*), a grama verde (*Vigna radiata*) e a grama preta (*Vigna mungo*) foi alterada pela seleção de diferentes genótipos para comparação (Rerkasem, 1990; Rerkasem *et al* 1989, 1993a). Do mesmo modo, depois de se ter descoberto que existe uma vasta gama de eficiência de B entre os genótipos de trigo (Rerkasem, 1990; Rerkasem e Loneragan, 1994; Rerkasem et al, 1993a), alguns dos quais são mais ineficientes do que as dicotiledóneas, a crença generalizada de que o trigo tem uma elevada tolerância ao baixo teor de boro do solo (Martens e Westermann, 1991) tem de ser revista.

Tabela 5.1: Rendimento relativo de sementes de cultivares eficientes e ineficientes em boro de várias culturas cultivadas em um solo com baixo teor de B (0,1 mg de B solúvel em água quente/kg) em Chiang Mai, Tailândia)

Cultura	Genótipo / Cultivar	Rendimento, % Rendimento em quantidade suficiente Boro
Soja (*Glycine max*)	NW1	39
Soja (*Glycine max*)	SJ5	70
Cevada (*Hordeum vulgare*)	BRB2	53
Cevada (*Hordeum vulgare*)	BRB1	83
Trigo (*Triticum aestivum*)	SW41	11
Trigo (*Triticum aestivum*)	Fang 60	97
Grama verde (*Vigna radiata*)	CMU55	34
Grama verde (*Vigna radiata*)	Kamphangsan 1	87
Grama preta (*Vigna mungo*)	Regur	9
Grama preta (*Vigna mungo*)	Bangrakum	71

Um genótipo pode ser eficiente ou ineficiente em termos de boro devido a um ou mais destes mecanismos, como a capacidade de adquirir B do solo, a forma como o B é distribuído e a sua utilização na planta.

O mecanismo de eficiência do B numa determinada espécie pode variar consoante os genótipos em comparação e a gravidade do défice. É do conhecimento geral que um défice de B provoca uma falha na formação dos grãos em cereais como a cevada, o arroz, o milho e o trigo. Neste caso, a esterilidade masculina foi associada a um défice. No entanto, no milho, a eficiência do B diminuiu a fixação do grão através da germinação do pólen, em vez de prejudicar o desenvolvimento do gâmeta masculino. Apenas no trigo foi demonstrado um efeito específico da deficiência de B no desenvolvimento do pólen através de polinização cruzada. Relativamente à condição de B da planta, não houve diferença na resposta de germinação in vitro do pólen ao B externo de dois genótipos de trigo, o mais eficiente Sonora 64 e o ineficiente em B SW 41 (Cheng e Rerkasem, 1993). Isto significa que é improvável que a necessidade diferencial de B para o crescimento do tubo polínico seja a base da eficiência de B, pelo menos entre estes dois genótipos.

No caso do trigo, resta saber se os genótipos eficientes em termos de B necessitam simplesmente de menos B para o desenvolvimento das anteras e do pólen ou se são melhores na translocação de B para anteras não transpirantes. Nalgumas espécies, a retranslocação de B e a mobilidade do floema no início são importantes para a eficiência de B. Uma delas é o brócolo (*Brassica oleracea*) em que os genótipos eficientes em termos de B demonstraram ser aqueles que eram mais capazes de redistribuir o B em folhas jovens e floretes.

As respostas das plantas ao B têm sido influenciadas por factores ambientais. É provável que as variações genotípicas na eficiência do B variem ainda mais devido a interacções com estes vários factores. A eficiência de B dos genótipos de trigo Fang 60 e Sonora 64 foi comparada com a ineficiência de SW41 e BL 1022. Nestes, parece estar indicado o mesmo conjunto de mecanismos de eficiência. O efeito genótipo X boro X ambiente é sugerido para outros conjuntos de genótipos noutros conjuntos de ambientes.

Bases genéticas da eficiência

O estudo genético da eficiência do boro foi registado na década de 1950. A maioria dos investigadores referiu que as respostas a espécies vegetais com baixo teor de B estavam sob o controlo de um único gene, como o aipo, o tomate e a beterraba vermelha. No entanto, na beterraba de mesa, verificou-se que o controlo genético da eficiência do boro era complexo. A eficiência de B no girassol foi considerada altamente hereditária, com predominância de ação gênica aditiva. Do mesmo modo, foram introduzidos efeitos de genes aditivos e dominantes no controlo da eficiência de B no trigo para pão. São necessários mais estudos genéticos sobre a eficiência do boro para fornecer bases para a transferência de características de eficiência do B para cultivares modernas com melhores características agronómicas através do melhoramento genético.

Foi identificada uma variação genética substancial na resposta a níveis elevados de boro numa vasta gama de espécies vegetais, incluindo o trigo, a cevada, a aveia, o feijão, etc. O mecanismo de tolerância para todas as espécies está relacionado com uma menor acumulação de boro pelos genótipos tolerantes, principalmente devido a uma menor absorção e translocação de B, embora esta última possa ser menos importante do que a primeira.

Vários genes aditivos importantes, um dos quais foi associado ao cromossoma

4A, parecem regular a resposta do trigo a fornecimentos elevados de boro. São necessários mais estudos genéticos e moleculares para compreender a natureza da absorção de B pelas plantas.

Capítulo 6

MANGANÊS

O manganês (Mn) encontra-se no solo sob a forma de iões bi, tri ou tetravalentes. Na solução do solo, apenas os iões bivalentes estão presentes num estado solúvel entre estes iões. Encontra-se nas cinzas das plantas, especialmente nas folhas.

Funções

* Ajuda na formação da clorofila.
* Oxida o ácido indole 3-acético.
* Ativa as enzimas do ciclo de Krebs, como a desidrogenase málica e a descarboxilase oxalo-succínica, e as enzimas do metabolismo do azoto, como a redutase do nitrito e a redutase da hidroxilamina.
* Participa na reação fotoquímica primária da fotossíntese.
* Actua como um cofator na fosforilação oxidativa.

Sintomas de deficiência

Os sintomas externos incluem

* Provoca clorose interveinal e necrose das folhas.
* A formação de sementes abranda.
* Atraso de crescimento como na ervilha.

Os sintomas internos incluem

* Os cloroplastos perdem clorofila.
* A frequência respiratória diminui devido à redução do poder de transporte de oxigénio da oxidase.
* Atraso na assimilação do azoto.
* Desintegração dos grãos de amido como no tomate

As folhas mostram uma leve clorose interveinal desenvolvida sob um suprimento limitado de Mn (fig. 6.1). As fases iniciais da clorose induzida pela insuficiência de manganês se assemelham àquelas da escassez de ferro em certos aspectos. Quando observadas através de luz transmitida, elas aparecem primeiro como uma leve clorose nas folhas jovens e como veias em rede nas folhas mais velhas. As folhas adquirem sardas escuras e manchas necróticas ao longo das nervuras, bem como um brilho cinzento metálico à medida que o stress aumenta. A superfície superior das folhas pode também adquirir um brilho arroxeado. A aveia, o trigo e a cevada estão entre os grãos mais vulneráveis à deficiência de manganês. Estas desenvolvem uma clorose ligeira juntamente com manchas cinzentas que se alongam e coalescem e, por fim, toda a folha murcha e morre.

Fig. 6.1. Sintomas de carência de manganês no tomateiro (Epstein e Bloom, 2004)

Absorção de Mn

O manganês é absorvido pela planta principalmente como ião Mn livre^{2+}, mas existe nos solos sob diferentes formas reduzidas, incluindo os óxidos de Mn (III) e Mn (IV). O Mn (III, IV) pode ser reduzido a Mn (II) mais rapidamente em resultado do aumento da acidez e da redutase provocado por uma carência de Fe.

Genótipos eficientes em termos de Mn

Bases fisiológicas da eficiência

A deficiência de Mn nas culturas ocorre em solos arenosos e calcários. As condições do solo calcário favorecem a oxidação química e microbiana e a imobilização do Mn solúvel, resultando em baixa disponibilidade, embora contenham geralmente alto Mn total. Um genótipo eficiente em manganês, no sentido agronómico, é aquele que é capaz de crescer e produzir bem sem a adição de fertilizantes de Mn num solo. Grandes variações genotípicas na eficiência do Mn nos solos têm sido amplamente reconhecidas desde que a deficiência de Mn foi identificada pela primeira vez na década de 1920 e tem sido relatada no trigo, trigo duro (*Triticum turgidium* L. Var. *Durum*), aveia e cevada.

Está disponível uma vasta gama de germoplasma com grandes diferenças na eficiência do Mn, o que oferece uma grande possibilidade de melhorar geneticamente as cultivares modernas em termos de eficiência do Mn. A transferência da eficiência de Mn do centeio pode permitir um melhoramento adicional. Num solo com disponibilidade limitada de Mn, os genótipos eficientes em termos de Mn podem sobreviver e produzir melhor do que os genótipos ineficientes em termos de Mn, porque absorvem mais Mn do solo. Os genótipos de cevada eficientes em termos de Mn absorvem mais Mn, independentemente dos níveis de fornecimento de Mn, tanto na solução como no solo, sugerindo que a absorção eficiente de Mn na cevada é um sistema constitutivo.

H^+ em solução inibe a absorção de Mn. Um pH elevado torna o Mn menos disponível nos solos, mas um pH baixo inibe a absorção de manganês da solução devido à competição entre iões de hidrogénio. O Mn pode formar complexos na rizosfera com legendas orgânicas de origem vegetal e microbiana, o que pode aumentar a mobilidade do Mn na rizosfera. Isto facilitará a difusão até à membrana plasmática das células da raiz.

Foi referido que a absorção de Mn pode ser aumentada por fitossideróforos produzidos em resposta à deficiência de Fe, enquanto os resultados de experiências de culturas mistas com genótipos de cevada eficientes e ineficientes em Mn mostraram que a aquisição de Mn pela cevada não é aumentada pela libertação de alguns compostos mobilizadores de Mn, como foi demonstrado para a aquisição de Fe no trigo. Rengel (1997) verificou que a rizosfera de genótipos de trigo continha uma maior proporção de redutores de Mn em condições de deficiência de Mn do que em condições de suficiência de Mn. Quando cultivados num solo com baixa disponibilidade de Mn, alguns genótipos de trigo eficientes em termos de Mn apresentaram uma maior proporção de redutores de Mn em relação aos oxidantes de Mn na rizosfera, em comparação com genótipos ineficientes em termos de Mn.

Bases genéticas para a eficiência do Mn
Até há pouco tempo, pouco se sabia sobre a genética e os antecedentes moleculares da eficiência do Mn nas plantas superiores. É bem conhecido que o centeio é extraordinariamente eficiente em termos de Mn em comparação com o trigo. O estudo com linhas adicionais de centeio mostrou que a eficiência do Mn é transportada no cromossoma 2R (Graham, 1988).

Experiências recentes com cevada sugerem o envolvimento de um único gene dominante principal (Longnecker *et al*, 1990; Mc Carthy *et al*, 1988). As ligações genealógicas dentro do grupo mais eficiente e do grupo ineficiente dos 72 genótipos de cevada estudados a partir de uma coleção global foram consistentes com a herança de um único gene principal. No estudo da descendência do cruzamento entre genótipos de cevada eficientes e ineficientes em Mn, a distribuição dos indivíduos F2 seguiu uma relação 3:1 caraterística de um único gene dominante para a eficiência do Mn na cevada, com uma hereditariedade de sentido restrito de 71%.

Capítulo 7

COBRE

No solo, o cobre está principalmente presente como calcopirite ($CuFeS_2$) e sulfureto de cobre (CuS). É absorvido sob a forma de catiões de cobre divalentes e catiões monovalentes.

Funções

• Participa na formação das enzimas fenolase lactase e ácido ascórbico oxidase.

• Contribui para a biossíntese da clorofila.

• Actua como catalisador nas reacções de oxidação-redução.

• O cobre tem um efeito indireto na formação de nódulos. A falta de cobre inibe a função da citocromo oxidase, o que aumenta os níveis de oxigénio no nódulo e limita a fixação do azoto.

Sintomas de deficiência

• A carência de cobre provoca a doença do "exantema", em que se produzem erupções no caule e nos ramos.

• Produz manchas necróticas nas pontas das folhas jovens.

• Causa a doença de "recuperação" ou "doença de Moor" em árvores de fruto, cereais e leguminosas. Neste caso, o crescimento das plantas na primavera é vigoroso e as folhas tornam-se anormalmente grandes, mas mais tarde tornam-se cloróticas.

As folhas com deficiência de cobre são enroladas e os seus pecíolos dobram-se para baixo (fig. 7.1). Uma ligeira clorose geral e uma perda permanente de turgor nas folhas jovens são dois sinais de deficiência de cobre. Nas folhas recentemente amadurecidas, aparecem nervuras verdes em forma de rede, com algumas partes a desvanecerem-se para um cinzento branco. Certas folhas tendem a dobrar-se para baixo e a desenvolver manchas necróticas profundas. Quando uma árvore tem uma carência persistente de cobre, cresce num padrão de roseta. As folhas são pequenas e cloróticas com manchas de necrose.

Fig. 7.1. Sintomas de deficiência de cobre no tomate (Epstein e Bloom, 2004)

Absorção de Cu

O Cu^{2+} tem sido considerado como a principal forma de Cu para absorção pelas plantas. O ião Cu^{2+} tem uma elevada afinidade para os péptidos N e S e liga-se fortemente às proteínas, especialmente às proteínas com elevado teor de resíduos de cisteína. Verifica-se também uma adsorção forte e específica do Cu^{2+} às paredes celulares, que não é facilmente dessorvida, devido à elevada afinidade do Cu^{2+} pelos grupos carboxilo, sulfidrilo e fenólico das paredes celulares. Como o Cu(II) pode ser facilmente reduzido a Cu(I) na gama de potenciais redox fisiológicos, a importância da absorção de Cu(I) pelas raízes não deve ser ignorada.

Os mecanismos de absorção especulativos do Cu são

1) Através do transporte termodinâmico impulsionado pelo gradiente de potencial eletroquímico.

2) Através de canais iónicos.

3) Envolvimento de sistemas de transporte ativo.

Genótipos eficientes em termos de Cu

Bases fisiológicas da eficiência do Cu

Foram registadas diferenças genotípicas em relação à deficiência de Cu em muitas espécies de plantas. As diferenças entre genótipos foram atribuídas a variações nos padrões de absorção ou disponibilidade de Cu devido a sistemas radiculares maiores ou menores, especialmente a comprimentos de raiz maiores com mais ramificações. A eficiência do Cu foi associada a um maior teor de Cu nos rebentos ou a uma maior capacidade de transferência de Cu das raízes para os rebentos. A deficiência de Cu foi acentuada pelo alto teor de fósforo. O fósforo elevado também suprimiu a translocação de Ca. Como tal, a deficiência de Cu imita a deficiência de Ca e a deficiência de Cu pode ser um sinal de deficiência de Ca. Também foram observadas alterações no metabolismo e na capacidade de redução em plantas deficientes em Cu.

Bases genéticas para a eficiência do Cu

A tolerância à deficiência de Cu foi associada a 1 ou 2 genes e foram transferidos traços de eficiência em termos de Cu de plantas eficientes em termos de Cu, como o centeio (*Secale cereale* L.), para o *triticale* (*Triticum* X *Secale*), a fim de *o* tornar mais eficiente em termos de Cu. A caraterística de eficiência em termos de Cu do *triticale* foi também transferida para o trigo, uma espécie de planta ineficiente em termos de Cu.

A eficiência do Cu no centeio parece ser controlada por um único gene principal, e está ligada ao cromossoma 5R. Recentemente, Schelegel *et al* (1993) revelaram que o gene para a eficiência do Cu está ligado a um carácter dominante de pescoço peludo do centeio e a 2 loci de esterase foliar específicos do centeio, que se presume estarem todos mapeados na parte distal do 5RL. Através da utilização de anfidiplóides, linhas de adição, substituição e translocação de alóctones de trigo, foi demonstrado que os genes da região cromossómica do 5RL 2.3 do centeio contribuíram para uma elevada eficiência do Cu.

Capítulo 8

MOLYBDENUM

O molibdénio é absorvido da solução do solo sob a forma de iões molibdato ($MoO4$ ou $HMoO4$). Está presente como componente dos minerais do solo e matéria orgânica na forma não permutável, mas é adsorvido nas partículas do solo na forma permutável.

Funções

O molibdénio é um componente das enzimas nitrato redutase e nitrogenase, que participam no metabolismo do azoto.

Sintomas de deficiência

Sintomas de deficiência externa-

- Manchas cloróticas interveinais nas folhas inferiores, seguidas de necrose marginal e dobragem das folhas.
- Inibição da floração.
- Provoca a doença "Whiptail" da couve-flor.
- Em condições mais severas, as áreas manchadas das folhas inferiores tornam-se necróticas, resultando na murchidão das folhas.

Sintomas de deficiência interna-

- Diminuição do teor de ácido ascórbico.
- Redução do teor de açúcar das plantas.
- Formação de uma lamela média pouco desenvolvida como na couve-flor.
- Depressão acentuada dos compostos azotados solúveis.

Semelhante ao sintoma de carência de azoto, mas geralmente sem a coloração avermelhada na face inferior das folhas, uma clorose geral generalizada é um sinal precoce de insuficiência de molibdénio (fig. 8.1). Esta situação resulta da necessidade de molibdénio para a redução do nitrato, que deve ser reduzido antes da sua assimilação pela planta. Assim, os primeiros sinais de um défice de molibdénio são na realidade causados por uma carência de azoto. No entanto, o molibdénio tem outras funções metabólicas na planta e, por isso, há sintomas de carência mesmo quando existe azoto reduzido.

No caso da couve-flor, a lâmina das folhas novas não se forma, dando à planta a sua forma caraterística de cauda de chicote. Em caso de escassez grave, muitas plantas apresentam uma curvatura ascendente das folhas e manchas mosqueadas que se transformam em enormes áreas cloróticas interveinais. As folhas das plantas de molibdénio adquirem uma cor laranja viva quando expostas a quantidades elevadas do metal. Este é um sinal de intoxicação particularmente notório.

Fig. 8.1 Sintomas de deficiência de molibdénio no tomate (Epstein e Bloom, 2004)

Absorção de Mo

O molibdénio está presente em solução aquosa principalmente como MoO4 e é absorvido como o anião oxi MoO4 .

As propriedades químicas do MoO4 são semelhantes às de vários outros aniões inorgânicos divalentes, em particular o sulfato e o fosfato, pelo que o sulfato (concorrente) inibe a absorção de MoO4 pelas raízes. Para a absorção de $SO4^2$, foi demonstrado que se trata de um processo ativo através de uma proteína de transporte da membrana plasmática, que é regulada pelos genes aditivos e não aditivos da planta.

Genótipos eficientes em termos de Mo

A deficiência de Mo é frequentemente observada tanto em dicotiledóneas como em monocotiledóneas cultivadas em solos ácidos ou em solos arenosos. Em solos ácidos, a deficiência de Mo deve-se principalmente à elevada absorção de MoO4 pelo hidrato de óxido de ferro e à   diminuição da desprotonação do molibdato,

formação de polianiões com a diminuição do pH. Na China, há registo de uma grande área de solos deficientes em Mo, distribuídos nas regiões sudeste e nordeste, onde se concentra a maior parte da população chinesa.

Foi observada uma resposta eficaz aos fertilizantes com Mo em leguminosas como a soja, algumas outras espécies dicotiledóneas e mesmo no trigo cultivado em solos castanhos amarelos com Mo extremamente baixo.

Existe uma grande variação genotípica na resposta à deficiência de Mo. O valor crítico para a deficiência de Mo varia entre 0,1 e 1,0 mg/ kg de peso seco da folha, dependendo da fonte de azoto e da espécie vegetal. Um alto teor de Mo nas sementes é importante para garantir o crescimento adequado e o rendimento de grãos das plantas cultivadas em solos com baixo teor de Mo. A taxa de absorção de Mo pela soja é relativamente mais baixa na fase de plântula. Assim, as necessidades de Mo para o crescimento têm de ser satisfeitas por retranslocação a partir da semente na fase inicial de plântula. Estas evidências sugerem que o tamanho das sementes pode ser um dos principais factores para a eficiência do Mo nas plantas superiores.

Brodrick e Giller (1991) encontraram grandes diferenças genotípicas na translocação e distribuição de Mo em *Phaseolus*. Sob baixo teor de Mo, a cultivar eficiente obteve maior rendimento de sementes, o que resulta de uma maior distribuição de Mo nas sementes e da retranslocação dos rebentos para as sementes. Quando a concentração de Zn, Cu, Mo e Ni nos rebentos e nas sementes de leguminosas foi comparada com a das espécies de gramíneas, verificou-se que a concentração de Mo e Ni nas sementes de leguminosas era 10 a 15 vezes superior à das gramíneas.

Estes resultados mostram que existe uma grande diferença genotípica na translocação ou retranslocação de Mo dos órgãos vegetativos para as sementes durante a fase de formação das sementes.

Capítulo 9

CLORO

O cloro é absorvido da solução do solo sob a forma de iões cloreto.

Funções

* Fator essencial na fotofosforilação.
* Ajuda na transferência de electrões durante a fotossíntese.

Sintomas de deficiência

As folhas têm formas anormais, com clorose interveinal distinta (fig. 9.1). Concentrações relativamente altas de cloro são necessárias para os tecidos das plantas. O cloro é muito abundante nos solos, e atinge altas concentrações em áreas salinas, mas pode ser deficiente em áreas interiores altamente lixiviadas. A clorose e o murchamento das folhas jovens são os sinais mais típicos de uma carência de cloro. A clorose desenvolve-se em depressões lisas e planas na região interveinal da lâmina foliar. Na superfície superior das folhas maduras, desenvolve-se frequentemente um bronzeado caraterístico nos casos mais graves. Embora a maioria das plantas possa tolerar uma certa quantidade de cloro no solo, algumas espécies - como os abacates, os frutos de caroço e as videiras - são sensíveis ao cloro e podem tornar-se perigosas mesmo com níveis baixos.

Fig. 9.1. Sintomas de deficiência de cloreto no tomate (Epstein e Bloom, 2004)

Absorção de Cl

O cloro é absorvido pelas plantas principalmente como anião (Cl). Uma vez que as plantas podem obter cloreto de uma variedade de fontes, incluindo solos, água de irrigação, chuva, fertilizantes e ar, a toxicidade do cloro é uma preocupação muito maior do que o défice de cloro. Verificou-se que a absorção de iões cloreto pelas plantas superiores se processa através de um sistema de transporte de Cl acoplado ao H+. A força motriz para o funcionamento do sistema é o gradiente de potencial eletroquímico desenvolvido pela ATPase de translocação de H^+ através da membrana plasmática.

Necessidades comparativas de cloro de diferentes espécies de plantas

Dez espécies adicionais foram reconhecidas como recebendo cloreto como micronutriente vegetal. Foram observados rendimentos inferiores ou deficiências agudas de cloro na cevada, luzerna, trigo mourisco, milho, feijão, cenoura, couve e alface. Quando as plantas de abóbora foram cultivadas ao mesmo tempo e nas mesmas condições que as espécies acima mencionadas, não apresentaram quaisquer sinais de deficiência ou perda de rendimento. Durante o seu crescimento, todas as plantas acumularam mais cloro do que aquele que podia ser obtido a partir das sementes, dos sais inorgânicos ou da água utilizada nos estudos. As espécies de plantas que podiam absorver mais cloro extrínseco eram também as que tinham menos probabilidades de sofrer danos quando cultivadas em soluções salinas com baixo teor de cloro. Das espécies estudadas, a alface foi a mais sensível às soluções de cultura com menos cloro e a abóbora, a menos sensível. Todas as espécies que foram cultivadas com um fornecimento restrito de cloro não apresentaram, no entanto, concentrações de cloro significativamente diferentes. Deduz-se que plantas como o milho, o feijão e a abóbora sobreviveram às culturas com menos cloro devido ao maior acúmulo de cloro extrínseco da atmosfera. A forma do cloro transportado pela atmosfera não é bem conhecida.

São necessários estudos mais alargados e intensivos para compreender o mecanismo de adaptação das plantas à deficiência de Zn, B e Mn. A deficiência de Mo é generalizada e constitui também um problema grave, mas existe pouca informação disponível sobre os aspectos fisiológicos e genéticos da absorção de Cu e Mo pelas plantas superiores.

Os métodos biotecnológicos modernos, tais como a transformação genética, resultarão numa perspetiva promissora para melhorar a adaptação das plantas à deficiência de micronutrientes, aumentando assim consideravelmente a produção e a qualidade no futuro.

Capítulo 10

Melhoria do estado nutricional das plantas cultivadas através da biofortificação e da nanotecnologia

No mundo de hoje, o baixo estado nutricional das culturas é um grande problema, especialmente nos países de baixo rendimento. As pessoas sofrem de malnutrição e de várias outras perturbações relacionadas com a nutrição. Mais de 840 milhões de pessoas não dispõem de alimentos suficientes para satisfazer as suas necessidades energéticas diárias básicas. Estima-se que cerca de 3 mil milhões de pessoas sofram os efeitos perigosos das carências de micronutrientes, também conhecidas como fome oculta (OMS e FAO, 2006). Os seres humanos necessitam de cerca de 22 elementos minerais para o seu bem-estar (Welch e Graham, 2004; White e Broadley, 2005a; Graham *et al.*, 2007). Estes elementos podem ser fornecidos através de um regime alimentar adequado. No entanto, estima-se que mais de 60% dos 6 mil milhões de habitantes do planeta têm carências de ferro (Fe), mais de 30% têm carências de zinco (Zn), 30% têm carências de iodo (I) e 15% têm carências de selénio (Se). Além disso, as carências de cálcio (Ca), magnésio (Mg) e cobre (Cu) são comuns em muitos países desenvolvidos e em desenvolvimento (Frossard *et al.*, 2000; Welch e Graham, 2002, 2005; Rude e Gruber, 2004; Grusak e Cakmak, 2005; Thacher *et al.*, 2006). A produção agrícola em zonas de baixa fitodisponibilidade mineral e/ou o consumo de culturas (de base) com baixas concentrações de minerais nos tecidos são responsáveis por esta situação, que é ainda agravada por uma dieta deficiente em peixe e produtos animais (Welch e Graham, 2002, 2005; Poletti et al., 2004; White e Broadley, 2005a; Gibson, 2006; Graham et al., 2007). Atualmente, pensa-se que uma das maiores ameaças mundiais para a humanidade é a deficiência mineral.

As mulheres e as crianças da África Subsariana, do Sul e do Sudeste Asiático, da América Latina e das Caraíbas estão especialmente expostas ao risco de doença, morte prematura e diminuição das capacidades cognitivas, devido a dietas pobres em nutrientes cruciais, particularmente ferro, vitamina A, iodo e zinco (quadro 10.1). A fome oculta prejudica o desenvolvimento mental e físico das crianças e adolescentes e pode resultar em atraso de crescimento e cegueira; as mulheres e as crianças são especialmente vulneráveis. Como aumenta o risco de doenças e limita a capacidade de trabalho, a fome oculta também diminui a produtividade de homens e mulheres adultos.

Quadro 10.1: Extensão e consequências das carências de micronutrientes.

Deficiência	Grupos mais afectados	Consequências
Ferro	Todos, mas sobretudo mulheres e crianças	Redução da capacidade cognitiva, complicações no parto, redução da

		capacidade física e da produtividade
Vitamina A	Crianças e mulheres grávidas	Aumento da mortalidade infantil e materna, cegueira
Zinco	Mulheres e crianças	Doenças infecciosas, complicações na gravidez e no parto, peso reduzido à nascença, crescimento deficiente da criança

Fonte: ACC/SCN 2000

Para combater este problema, as medidas eficazes que podem ser adoptadas são a diversificação da dieta, a suplementação mineral, a fortificação dos alimentos e/ou o aumento das concentrações de minerais nas culturas comestíveis (biofortificação). Para além disso, a nanotecnologia é outra abordagem nova e emergente no melhoramento das culturas. O sector agrícola pode beneficiar em grande medida de ferramentas baseadas na nanotecnologia para detetar doenças de forma rápida, melhorar a capacidade das plantas para absorver nutrientes e promover o tratamento molecular de doenças.

A introdução de culturas biofortificadas (variedades criadas para aumentar o teor de minerais e vitaminas) complementa as abordagens nutricionais existentes, oferecendo uma forma sustentável e de baixo custo de chegar às pessoas com pouco acesso aos mercados formais ou aos sistemas de saúde. Pode proporcionar benefícios contínuos em todo o mundo em desenvolvimento por uma fração do custo recorrente da suplementação ou da fortificação pós-produção.

Biofortificação

Os regimes alimentares de mais de dois terços da população mundial carecem de um ou mais elementos minerais essenciais. Entre estes, a subnutrição por micronutrientes afecta mais de metade da população mundial, especialmente nos países em desenvolvimento. Os esforços internacionais e nacionais combinados de fortificação e suplementação para travar o flagelo da malnutrição por micronutrientes estão a ter um impacto positivo, embora ainda não consigam atingir os objectivos estabelecidos pelas organizações internacionais. A biofortificação, o fornecimento de micronutrientes através de culturas ricas em micronutrientes, oferece uma abordagem económica e sustentável, complementando estes esforços ao chegar às populações rurais. Os micronutrientes biodisponíveis nas partes comestíveis das culturas de base em concentrações elevadas podem ser obtidos através da reprodução, desde que exista variação genética suficiente para uma determinada caraterística, e/ou através de abordagens transgénicas (Mayer *et al.*, 2008). A biofortificação é um método científico para melhorar o valor nutricional dos alimentos já consumidos por aqueles que sofrem de fome oculta (Bouis *et al.*, 2011). Em contraste com a fortificação convencional, a biofortificação tenta aumentar os níveis nutricionais das culturas enquanto estas ainda estão a crescer, em oposição à utilização de métodos manuais após as culturas estarem a ser processadas. Por conseguinte, a biofortificação pode oferecer um meio de chegar a grupos para os quais a suplementação e as iniciativas tradicionais de fortificação podem ser inviáveis ou ineficazes.

Alguns exemplos de projectos de biofortificação incluem [1]: biofortificação com ferro do arroz, feijão, batata-doce, mandioca e leguminosas; biofortificação com zinco do trigo, arroz, feijão, batata-doce e milho; biofortificação com carotenóides provitamina A da batata-doce, milho e mandioca; e biofortificação com aminoácidos e proteínas do sorgo e da mandioca.

Programas internacionais de biofortificação[2]

A Helen Keller International (HKI) colabora com o Instituto Internacional de Investigação do Arroz (IRRI) na realização de investigação para testar se o Arroz Dourado é uma forma eficaz de combater a deficiência de vitamina A. A HKI também está a participar num projeto para apoiar e desenvolver variedades de batata-doce de polpa alaranjada (OFSP) que possam prosperar em diferentes condições de crescimento, produzir maiores rendimentos e alcançar elevados níveis de aceitação entre produtores e consumidores. A HKI está a alcançar este objetivo através da colaboração com institutos de investigação, incluindo o CGIAR, o Centro Internacional da Batata (CIP), o Programa de Investigação Colaborativa de Culturas (CCRP) da Fundação McKnight e o Programa Desafio HarvestPlus. O papel do HKI no projeto consiste em desenvolver estratégias, tais como programas de educação e de marketing social, para aumentar a procura de BDPA, defender a adoção de BDPA a nível nacional e subnacional e dar formação aos distribuidores de BDPA na linha da frente.

Uma componente do Programa de Investigação do CGIAR sobre Agricultura para uma Melhor Nutrição e Saúde é o HarvestPlus. O CGIAR é uma colaboração global de investigação para a segurança alimentar futura. O HarvestPlus cria, testa e distribui culturas biofortificadas com ferro, zinco e vitamina A em colaboração com parceiros (quadro 10.2). Centra-se em culturas alimentares de base, incluindo feijão, mandioca, milho, milho-miúdo, arroz, batata-doce e trigo, principalmente em África e no Sul da Ásia. O Instituto Internacional de Investigação sobre Políticas Alimentares (IFPRI) e o Centro Internacional de Agricultura Tropical (CIAT) são responsáveis pela organização

---

[1] http://www.who.int/elena/titles/biofortification/en/

2https://ble.lshtm.ac.uk/pluginfile.php/20037/mod resource/content/3/OER/PNO101/sessions/S1S7/PNO101 S1 S7 040 020.html

do HarvestPlus. Foi lançado em 2004 e é parcialmente financiado pela Fundação Bill e Melinda Gates.

Quadro 10.2: Culturas biofortificadas HarvestPlus

Culturas-alvo	Nutrientes	Países	Datas de lançamento
Feijão	Ferro	República Democrática do Congo, Ruanda	2012
Mandioca	Vitamina A	República Democrática do Congo, Nigéria	2011
Milho	Vitamina A	Nigéria, Zâmbia	2012
Milho de pérola	Ferro	Índia	2012
Arroz	Zinco	Bangladesh, Índia	2013
Batata-doce	Vitamina A	Moçambique, Uganda	2007
Trigo	Zinco	Índia, Paquistão	2013

A Fundação Bill e Melinda Gates lançou o Programa Grandes Desafios na Saúde Global em 2003. A fundação está a financiar trabalhos de biofortificação da mandioca (programa BiocassavaPlus), da banana (Programa Nacional de Investigação da Banana, Uganda), do sorgo (projeto Africa Biofortified Sorghum) e do arroz (projeto ProVitaMin Rice).

Estratégias de biofortificação

Estratégias de biofortificação agronómica

As estratégias agronómicas para aumentar as concentrações de elementos minerais nos tecidos comestíveis baseiam-se geralmente na aplicação de fertilizantes minerais e/ou na melhoria da solubilização e mobilização de elementos minerais no solo.

1. Adubos inorgânicos

O papel dos fertilizantes é fornecer os nutrientes de que as plantas necessitam para crescer, principalmente azoto, fósforo e potássio. Os adubos enriquecidos fornecem nutrientes adicionais necessários às pessoas que consomem as plantas. Exemplos de sucesso incluem o enriquecimento com iodo na China, selénio na Finlândia e zinco na Tailândia (Winkler, 2011).

Os fertilizantes inorgânicos solúveis são aplicados topicamente quando os elementos minerais não são facilmente transferidos para os tecidos comestíveis. Por exemplo, as aplicações foliares de fertilizantes de Fe são frequentemente efectuadas em culturas que crescem em solos deficientes em Fe, mas, porque o Fe não é facilmente translocado dentro das plantas, estas devem ser repetidas ao longo da estação de crescimento (Loneragan, 1997; Cakmak, 2002). Por outro lado, as concentrações de Fe nas partes comestíveis de frutas, legumes e cereais podem ser aumentadas com uma fertilização adequada de Fe (Shuman, 1998; Rengel et al., 1999). Outro micronutriente, o zinco, é normalmente aplicado às culturas como ZnSO4 ou como quelatos sintéticos (Shuman, 1998; Broadley *et al.*, 2007; Cakmak, 2008). A aplicação de fertilizantes de Zn no solo é eficaz para aumentar as concentrações de Zn nos grãos de cereais que crescem na maioria dos solos e as aplicações foliares de ZnSO4 ou de quelatos de Zn podem aumentar as concentrações de Zn nos grãos em plantas com mobilidade adequada de Zn no floema (Rengel *et al.*, 1999; Cakmak, 2002, 2004, 2008; Genc *et al.*, 2005; Oury *et al.*, 2006; Harris *et al.*, 2007; Fang *et al.*, 2008). Comparativamente, as concentrações de Zn nas folhas, tubérculos e frutos podem ser aumentadas através da aplicação tópica de fertilizantes com Zn ou através de tratamentos no solo e/ou foliares (Shuman, 1998; Rengel et al., 1999; Broadley et al., 2007). Outra vitamina crucial que é deficiente na dieta dos seres humanos é o iodo (I). Na maioria dos solos, o iodo encontra-se em solução sob a forma de iodeto, mas em circunstâncias altamente oxidantes também se pode encontrar iodato (Fuge e Johnson, 1986). Na agricultura, tem sido utilizada a fertilização com sal de iodeto e/ou iodato solúvel, e a iodinização da água de irrigação melhorou efetivamente o fornecimento de I às pessoas através das culturas comestíveis (Jiang *et al.,* 1997; Lyons *et al.*, 2004). As concentrações de I em raízes e vegetais folhosos podem ser aumentadas consideravelmente pela aplicação de fertilizantes com I e, embora o I não seja facilmente móvel no floema, as concentrações de I em tubérculos, frutos e sementes também podem ser aumentadas pela fertilização com I para concentrações nutricionalmente significativas (Jiang *et al.*, 1997; Rengel *et al.*, 1999; Dai *et al.*, 2004). Foi sugerido que, como as necessidades de I da dieta humana são bastante baixas, os fertilizantes I podem ser adicionados a grandes áreas de produção agrícola a partir de aviões (Graham *et al.*, 2007)[3] . Da mesma forma, as estratégias de fertilização também podem ser implementadas para aumentar o estado de outros elementos minerais como Cu, Ca, Mg, Se, etc. nas plantas (White e Broadley, 2008).

A aplicação de adubos inorgânicos pode, sem dúvida, aumentar as concentrações de elementos minerais que normalmente faltam nos regimes alimentares humanos nos produtos comestíveis. No entanto, estes fertilizantes devem ser aplicados regularmente e o seu fabrico, distribuição e aplicação podem ser dispendiosos.

2. Aumentar a aquisição de elementos minerais de solos não fertilizados

As concentrações minerais totais de Fe, Zn e Cu na maioria dos solos seriam adequadas para suportar culturas densas em minerais, se estes elementos

---

[3] Fonte: White e Broadley, 2008

estivessem fitodisponíveis (Loneragan, 1997; Shuman, 1998; Schmidt, 1999; Graham *et al.*, 1999; Frossard *et al.*, 2000; Rengel, 2001). Por conseguinte, existe um grande interesse no desenvolvimento de sistemas de gestão que explorem as fontes de elementos minerais do solo e dos fertilizantes de forma mais eficaz e na criação de culturas eficientes em termos de minerais que produzam rendimentos elevados e acumulem minerais de solos anteriormente inférteis. Os rendimentos das culturas nos países em desenvolvimento são limitados principalmente pela seca, pela baixa fitodisponibilidade de P e/ou azoto (N) e pela acidez do solo, que está frequentemente associada à toxicidade do Al e à baixa fitodisponibilidade de Ca, Mg e K (Lynch, 2007; Kirkby e Johnston, 2008). Além disso, os rendimentos das culturas são limitados em muitos solos calcários de todo o mundo devido à fitodisponibilidade de elementos minerais como o Fe, o Zn e o Cu. A aquisição de elementos minerais com mobilidade restrita no solo, tais como P, K, Fe, Zn e Cu, pode ser melhorada e

A aquisição de Fe, Zn e Cu pode ser melhorada através do investimento de mais biomassa no sistema radicular, do desenvolvimento de um sistema radicular mais extenso, com raízes mais longas, mais finas e com mais pêlos radiculares, e da proliferação de raízes laterais em zonas ricas em minerais (White *et al.*, 2005; Lynch, 2007; Kirkby e Johnston, 2008; White e Hammond, 2008). Além disso, o efluxo de ácidos orgânicos e a secreção de enzimas capazes de degradar compostos orgânicos, como o fitato, que quelatam catiões, podem também melhorar a aquisição de Fe, Zn e Cu (Morgan *et al.*,   2005;   Lynch,   2007). Utilizando o solo

Os microrganismos podem também melhorar a quantidade de solo que as plantas cultivadas investigam e a fitodisponibilidade dos elementos minerais (Rengel *et al.*, 1999; Barea *et al.*, 2005; Morgan *et al.*, 2005; Lynch, 2007; Kirkby e Johnston, 2008). Muitas culturas estão associadas a fungos micorrízicos, que têm o potencial de aumentar o volume de solo explorado para a aquisição de elementos minerais imóveis, e libertam ácidos orgânicos, sideróforos e enzimas capazes de degradar compostos orgânicos (Rengel *et al.*, 1999; Barea *et al.*, 2005; Morgan *et al.*, 2005; Smith e Read, 2007).

Estratégias de biofortificação genética

O aumento das concentrações de elementos minerais essenciais nos produtos, através da aplicação de fertilizantes minerais, pode ser complementado pela seleção de culturas com uma maior capacidade de adquirir e acumular esses minerais nas suas porções comestíveis. Os efeitos do melhoramento de sementes e grãos básicos densos em micronutrientes sobre o rendimento das culturas foram abordados numa série de análises recentes (Graham *et al.*, 1999).

Resumidamente, o aumento das reservas de micronutrientes nas sementes aumenta o vigor e a viabilidade das plântulas, o que melhora o seu desempenho quando as sementes são plantadas em solos pobres em micronutrientes. Quando cultivadas sob stress por deficiência de micronutrientes, este vigor melhorado das sementes permite a produção de mais raízes e mais compridas em condições de deficiência de micronutrientes, permitindo que as plântulas procurem mais volume de solo para micronutrientes e água no início do crescimento. Esta vantagem pode levar a melhores colheitas quando comparadas com sementes com baixos teores de micronutrientes. Muitos dos países onde as deficiências de micronutrientes nos seres humanos são um problema são também países que têm grandes áreas de solos pobres/deficientes em micronutrientes (White *et al.*, 1999). Por conseguinte, o aumento do vigor das sementes em relação às reservas de micronutrientes deverá ter um impacto positivo na produção agrícola destas nações. Além disso, as sementes densas em micronutrientes têm maior tolerância ao stress e resistência às doenças, o que ajudará a produção agrícola dos países-alvo (Welch, 1999). Por conseguinte, existe um potencial significativo para selecionar estas características nas culturas alimentares de base. Esta seleção pode aumentar os rendimentos agrícolas sem exigir mais recursos aos agricultores e, ao mesmo tempo, aumentar o valor nutricional dessas culturas. Os criadores de plantas podem também selecionar genótipos que contenham concentrações mais baixas de antinutrientes (quadro 10.3) ou os biólogos moleculares podem alterar os genes das plantas de forma a reduzir ou mesmo eliminar os antinutrientes das farinhas alimentares vegetais. Outras substâncias, como mostra o quadro 10.4, promovem a biodisponibilidade dos micronutrientes nos alimentos vegetais para os seres humanos, mesmo na presença de antinutrientes nesses alimentos. Uma vez que muitas destas substâncias são metabolitos típicos das plantas, pequenas variações na sua quantidade podem ter um grande impacto na biodisponibilidade dos micronutrientes. (Welch e House, 1995). Assim, quando se tenta aumentar as culturas alimentares como fontes humanas de micronutrientes, aconselha-se vivamente que os biólogos moleculares e os criadores de plantas examinem atentamente o método de aumentar os químicos promotores nas culturas alimentares (Welch, 1996).

Quadro 10.3: Antinutrientes em alimentos vegetais que reduzem a biodisponibilidade de Fe e Zn e exemplos das principais fontes alimentares

Antinutrientes	Principais fontes alimentares
Ácido fítico ou fitina	Sementes de leguminosas inteiras e grãos de cereais
Fibra (por exemplo, celulose,	Produtos à base de cereais integrais (por

	exemplo,
hemicelulose, lignina, cutina, suberina, etc.)	trigo, arroz, milho, aveia, cevada e centeio)
Certos taninos e outros polifenólicos	Chá, café, feijão, sorgo
Ácido oxálico	Folhas de espinafres, ruibarbo
Hemaglutininas (por exemplo, lectinas)	A maioria das leguminosas e do trigo
Goitrogénios	*Brássicas* e *Alliums*
Metais pesados (por exemplo, Cd, Hg, Pb, etc.)	Vegetais de folha e raízes contaminados

Fonte: http://jn.nutrition.org/content/132/3/495S.long#T2

Quadro 10.4: Exemplos de substâncias presentes nos alimentos que promovem a biodisponibilidade de Fe, Zn e vitamina A e principais fontes alimentares

Substância	Nutriente	Principais fontes alimentares
Certos ácidos orgânicos (por exemplo, ácido ascórbico, fumarato, malato e citrato)	Fe e/ou Zn	Frutas e legumes frescos
Hemoglobina	Fe	Carnes de animais
Certos aminoácidos (por exemplo, metionina, cisteína, histidina e lisina)	Fe e/ou Zn	Carnes de animais
Ácidos gordos de cadeia longa (por exemplo, palmitato)	Zn	Leite materno humano
Gorduras e lípidos	Vitamina A	Gorduras animais, gorduras vegetais
Selénio	I	Frutos do mar, nozes tropicais
Ferro, zinco	Vitamina A	Carnes de animais
β-caroteno	Fe	Vegetais verdes e cor de laranja
Inulina e outros hidratos de carbono não digeríveis (prebióticos)	Ca, Fe, Zn	Chicória, alho, cebola, trigo, tupinambos

Fonte: http://jn.nutrition.org/content/132/3/495S.long#T2

Abordagem transgénica

Ao examinar a variância genética nas colecções de germoplasma, podem ser identificadas várias qualidades necessárias para os programas de biofortificação.

Os avanços na genómica nutricional (Della Penna, 1999) e as técnicas eficientes de marcadores moleculares permitem seguir características complexas ao longo do processo de melhoramento. Os alvos dos transgenes incluem a redistribuição de micronutrientes entre os tecidos, o aumento da eficiência das vias bioquímicas nos tecidos comestíveis, ou mesmo a reconstrução de vias seleccionadas. Certas tácticas podem implicar a incorporação de substâncias que aumentam a biodisponibilidade dos micronutrientes, em vez de aumentar a sua produção ou acumulação. O Golden Rice é um desses casos, em que a via biossintética dos carotenóides foi reconstituída em tecido endosperma não carotenogénico, como meio de fornecer provitamina A (Al-Babili e Beyer, 2005; Schaub *et al*, 2005; Paine *et. al*., 2005). Existem outros exemplos encorajadores de como as abordagens transgénicas podem complementar os esforços de melhoramento em curso e fornecer as culturas biofortificadas urgentemente necessárias para alimentar a população mundial em rápido crescimento com alimentos nutritivos. Estes incluem trabalhos recentes sobre o tomate, que aumentaram a acumulação de folato em 15 vezes através da alteração de uma via altamente compartimentada (Diaz *et al*., 2007), o que também se revelou eficaz nos grãos de arroz (Storozhenko *et al*., 2007). Além disso, o teor de ferro nos grãos de arroz foi duplicado pela sobreexpressão da ferritina do feijão (Lucca *et al*., 2001; Goto *et al*., 1999).

Vantagens da biofortificação[4]

A biofortificação tem muitas vantagens, especialmente quando vista no contexto dos pobres nos países em desenvolvimento. Em primeiro lugar, tem como alvo os pobres que consomem grandes quantidades de alimentos básicos diariamente. Em segundo lugar, a biofortificação centra-se nas zonas rurais, onde se pensa que 75 por cento dos pobres são principalmente agricultores de subsistência ou pequenos agricultores, ou trabalhadores sem acesso à terra. De acordo com Msangi et al. (2010), estas populações dependem maioritariamente de produtos básicos mais acessíveis e económicos como o arroz e o milho para a nutrição. De facto, a disponibilidade de suplementos e alimentos fortificados é frequentemente limitada nas zonas rurais, onde menos de um terço de todos os produtos alimentares fortificados são vendidos. Assim, as culturas alimentares de base produzidas localmente e mais nutritivas poderiam melhorar significativamente a nutrição das populações rurais pobres que consomem estes alimentos diariamente. A biofortificação é rentável. Após um investimento inicial no desenvolvimento de culturas biofortificadas, essas culturas estão disponíveis no sistema alimentar ano após ano e podem ser adaptadas de forma económica a diferentes locais. Uma vez que esta estratégia se baseia em

---

[4] Fonte: http://www.ifpri.org/sites/default/files/publications/2020anhconfbr19.pdf

alimentos que as pessoas já consomem habitualmente, é sustentável. Uma vez que a caraterística de alta nutrição é introduzida nas culturas, ela é fixa, e as culturas biofortificadas podem ser cultivadas para fornecer uma melhor nutrição ano após ano sem quaisquer custos recorrentes.

Biofortificação: Limitações e desafios[4]

A biofortificação enfrenta limitações e desafios. Em primeiro lugar, a biofortificação exige uma mudança de paradigma. A nutrição e as ciências agrícolas são campos divididos que precisam de ser combinados para que a biofortificação seja bem sucedida. Os cientistas agrícolas têm de acrescentar objectivos nutricionais aos seus programas de melhoramento, para além dos objectivos normais como a produtividade e a resistência a doenças. Em segundo lugar, a biofortificação não se tornará geralmente aceite a menos que os apoiantes possam demonstrar que estes novos alimentos melhoram a nutrição. Grande parte da investigação e desenvolvimento de culturas biofortificadas ainda está em curso. Em terceiro lugar, em comparação com o que pode ser obtido através da fortificação e da suplementação, as quantidades de nutrientes que podem ser introduzidas nestas culturas são normalmente muito menores. No entanto, em países onde existe uma grande quantidade de fome oculta, as culturas biofortificadas podem melhorar muito a saúde pública, satisfazendo 30-50% das necessidades diárias de nutrientes. As abordagens transgénicas podem ser utilizadas para melhorar o teor de nutrientes das culturas quando a variação natural do germoplasma é limitada. No entanto, as culturas transgénicas também enfrentam mais obstáculos regulamentares do que as suas congéneres criadas de forma convencional. Em quarto lugar, os nutricionistas centram-se atualmente no grupo etário dos 9 aos 24 meses, em que os micronutrientes são cruciais para um desenvolvimento saudável. Os bebés consomem quantidades relativamente baixas de alimentos básicos e, no entanto, têm necessidades relativamente mais elevadas de micronutrientes, o que torna limitada a contribuição da biofortificação para a adequação dos micronutrientes neste grupo.

Nanotecnologia

A palavra "nano" vem do grego para "anão". Um nanómetro é um milésimo de milésimo de milésimo de milésimo de metro (10^{-9} m). As nanopartículas são amplamente aceites como aquelas com um tamanho de partícula inferior a 100 nanómetros, onde fenómenos únicos permitem novas aplicações e benefícios (Sekhon, 2010). As principais causas da grande variedade de aplicações dos nanomateriais são (i) a sua vasta área de superfície e (ii) a sua pequena dimensão. Durante a última década, foi realizada uma série de experiências exploratórias para medir o potencial impacto da nanotecnologia na agricultura e na ciência alimentar, especialmente na área do melhoramento das culturas (fig.

10.1). A fim de evitar o processo moroso de transferência de genes de organismos estrangeiros, os cientistas começaram recentemente a utilizar a nanotecnologia para entregar genes em locais específicos a nível celular e reorganizar os átomos no ADN do mesmo organismo para obter a expressão do carácter desejado. Em termos de gestão, estão a ser feitas tentativas para restaurar a fertilidade do solo através da libertação de nutrientes fixos e para melhorar a eficácia dos fertilizantes aplicados com a ajuda de nanoargilas e zeólitos.

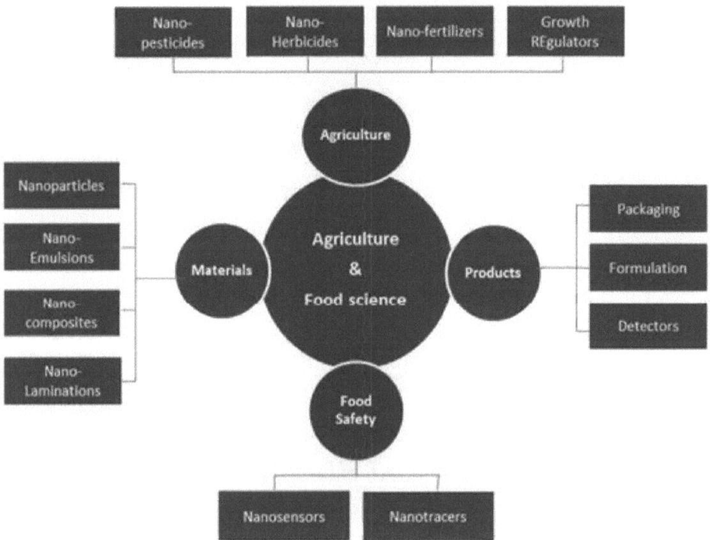

Fig.10.1 **Aplicações das nanotecnologias no sector agroalimentar (Fonte:**

http: //www. als-j ournal .com/58-143-1 -rv/)

A nanotecnologia é aplicada na libertação dirigida e controlada de agroquímicos e pesticidas (Nair *et al.*, 2010). Os adubos revestidos com nanomateriais são eficazes na libertação lenta de adubos e são considerados seguros para a germinação de culturas como o trigo (Liu *et al.*, 2006; Zhang *et al.*, 2006). Os biossensores baseados na nanotecnologia estão a ser utilizados para monitorizar a saúde do solo, o crescimento das plantas, etc. (Grover *et al.*, 2012). Estes sensores podem ser associados a um sistema GPS e ligados a um computador para monitorização em tempo real. Este sistema tem uma vasta aplicação na agricultura de precisão, onde a produtividade pode ser melhorada através da análise do estado nutricional e da saúde do solo e das plantas antes do aparecimento de sintomas visíveis. Hoje em dia, a aplicação de fertilizantes agrícolas, pesticidas, antibióticos, probióticos e nutrientes faz-se normalmente por pulverização ou aplicação por via de água no solo ou nas plantas, ou através de sistemas de alimentação ou injeção nos animais. O fornecimento de pesticidas ou medicamentos é efectuado como tratamento "preventivo" ou quando o organismo patogénico se multiplica e os sintomas são visíveis na planta ou no animal. Prevê-se que os dispositivos à escala nanométrica sejam capazes de identificar e tratar infecções, deficiências nutricionais e outros problemas de saúde muito antes dos sintomas à escala macroscópica. A área danificada poderia ser o foco deste tipo de tratamento.

[5]Os fertilizantes[5] desempenham um papel importante no aumento da produção de géneros alimentícios, especialmente após a introdução de variedades de culturas de elevado rendimento e sensíveis aos fertilizantes durante a era da revolução verde. Embora o rendimento dos cereais tenha aumentado drasticamente, verificou-se que muitos rendimentos das culturas, em especial nos países em desenvolvimento, começaram a estagnar em resultado de uma fertilização desigual e de uma diminuição do teor de matéria orgânica do solo. A utilização excessiva de fertilizantes azotados eutrofiza os ecossistemas aquáticos e tem um efeito adverso nas águas subterrâneas. Crescendo como uma alternativa aos fertilizantes tradicionais, os nanofertilizantes têm o potencial de erradicar completamente a acumulação de nutrientes no solo, a eutrofização e a contaminação da água potável. Assim, a nanotecnologia abriu novas oportunidades para melhorar a eficiência da utilização dos nutrientes e minimizar os custos da proteção ambiental. Ajudou a divulgar as recentes descobertas de que as raízes das plantas e os microrganismos podem retirar diretamente iões de nutrientes da fase sólida dos minerais. Os nanofertilizantes e os nanocompósitos de libertação lenta são excelentes alternativas aos fertilizantes solúveis. Os nutrientes são libertados a um ritmo mais lento ao longo do crescimento da cultura; as plantas são capazes de absorver a maior parte dos nutrientes sem desperdício por lixiviação. Uma classe de minerais naturais denominados zeólitos pode ser utilizada para libertar gradualmente nutrientes no ambiente. O seu sistema de túneis e gaiolas interligados pode conter grandes quantidades de potássio e azoto, juntamente com outros componentes de dissolução lenta como o cálcio, o fósforo e toda uma gama de nutrientes menores e vestigiais. Os nutrientes são armazenados na zeólita e libertados gradualmente quando necessário. As nanomembranas podem ser aplicadas a partículas de fertilizante para permitir a libertação lenta e constante de nutrientes. A libertação de nutrientes da cápsula de fertilizante pode ser

---

[55] Fonte: Chinnamuthu, C. R. e Murugesa Boopathi, P., 2009. Nanotechnology and Agroecosystem (Nanotecnologia e Agroecossistema). Madras Agric. J., 96 (1-6): 17-31

controlada através do revestimento e cimentação de nano e subnano-compósitos (Liu et al., 2006). Foi publicado um nanocompósito patenteado constituído por N, P, K, micronutrientes, manose e aminoácidos que aumenta a absorção e a utilização de nutrientes pelas culturas de cereais (Jinghua 2004).

Pode permitir-se que a solução do solo reaja com nanoprodutos que fornecerão uma medição exacta da disponibilidade de nutrientes nos solos. Os nanossensores podem ser utilizados para determinar os nutrientes, a humidade e o estado fisiológico das plantas, o que ajuda a tomar medidas correctivas adequadas e atempadas. As nanopartículas são "mini-laboratórios" com capacidade para detetar com precisão as variações sazonais e temporais no sistema solo-planta. Os nanossensores detectam com precisão a disponibilidade de nutrientes e de água, o que é essencial para uma agricultura de precisão (Subramanian *et al.*, 2007). As nanopartículas são também utilizadas como "sistema inteligente de administração de tratamentos" para a saúde humana. Do mesmo modo, a implantação de nanopartículas nas plantas pode determinar o estado dos nutrientes nas plantas e ser útil para a adoção de medidas de correção das doenças que causam a redução da produção. A nanotecnologia pode ser utilizada para detetar as necessidades de fertilizantes ou de água das culturas. A combinação da tecnologia à escala nanométrica com a ciência agrícola para criar sensores apresenta uma oportunidade interessante para aumentar a sensibilidade e, consequentemente, um tempo de resposta muito mais rápido para detetar problemas no terreno (Chinnamuthu e Murugesa Boopathi, 2009).

Assim, pode afirmar-se que o enriquecimento da nutrição nas culturas de base através do melhoramento vegetal, das culturas transgénicas, etc., é um instrumento importante na luta contra a subnutrição humana. Estão a ser desenvolvidas variedades de culturas ricas em micronutrientes utilizando os melhores métodos tradicionais de reprodução e métodos biotecnológicos modernos para aumentar as concentrações de nutrientes. A nanotecnologia é outro instrumento útil para melhorar o estado nutricional, bem como para melhorar a variedade das culturas. Assim, tanto a biofortificação como a nanotecnologia podem ser utilizadas para erradicar o problema da malnutrição nos seres humanos.

Capítulo 11

CONCLUSÃO

A capacidade de uma espécie vegetal e de uma cultivar para suportar ou evitar o stress por deficiência de nutrientes tem implicações importantes para a agricultura em geral. É evidente que as plantas utilizam muitos mecanismos variados para atenuar o stress por carência de nutrientes, como a exsudação radicular e as associações simbióticas.

Poucos progressos foram feitos na compreensão dos mecanismos moleculares da resistência ao stress de nutrientes. No entanto, uma vez compreendidos, existe a possibilidade de estas características poderem ser introduzidas em culturas agrícolas importantes. Podem ser produzidas cultivares que cresçam mais eficientemente nas regiões agrícolas marginais onde as deficiências de nutrientes são comuns. Isto pode levar a uma menor utilização de fertilizantes e a uma redução dos custos agrícolas.

O papel dos fitosideróforos pode revelar-se extremamente importante na absorção de micronutrientes, especialmente pelas gramíneas. Uma vez que as sementes de gramíneas como o arroz, a cevada e o trigo são o alimento básico para a maioria das pessoas, parece haver um grande potencial para aumentar o rendimento destas culturas em condições deficientes.

A eficiência dos micronutrientes nas plantas superiores está intimamente relacionada com os processos da rizosfera, a absorção e a retranslocação de micronutrientes nas plantas. Na última década, os nossos conhecimentos sobre os mecanismos de absorção de ferro avançaram sobretudo. No entanto, os mecanismos de absorção do zinco, do boro e do manganês não são totalmente compreendidos, embora a investigação sobre estes elementos tenha aumentado nas últimas décadas.

Referências

ACC/SCN (Comité Administrativo de Coordenação da ONU, Subcomité da Nutrição), 2000. Quarto Relatório sobre a Situação Mundial da Nutrição. Genebra: ACC/SCN em colaboração com o Instituto Internacional de Investigação sobre a Política Alimentar.

Al-Babili, S. e Beyer, P., 2005. Golden Rice - five years on the road - five years to go? Trends in Plant Science 10: 565-573.

Barea, J.M., Pozo, M.J., Azcon, R., Azcon-Aguilar, C., 2005. Cooperação microbiana na rizosfera. Journal of Experimental Botany 56: 1761-1778.

Bouis, H.E., Hotz, C., McClafferty, B., Meenakshi, J.V., Pfeiffer, W.H., 2011. "Biofortificação: Uma Nova Ferramenta para Reduzir a Desnutrição por Micronutrientes".

Suplemento, Boletim de Alimentação e Nutrição 32 (1): 31-40.

Broadley, M.R., White, P.J., Hammond, J.P., Zelko, I., Lux, A., 2007. Zinc in plants. New Phytologist 173: 677-702.

Brodrick, S. J e Giller K E (1991) Genotypic differences in Mo accumulation affects N2 fixation in tropical *Phaseolus vulgaris* L, J. Experimental Botany 42, 1339- 1343.

Brown J.C. 1978 Mechanism of iron uptake by plants J. Plant, Cell & Environment 1 (4) 249-257

Brown P.H., Hu H., 1994 Boron uptake by sunflower, squash and cultured tobacco cells. Physiol Plant; 91:435-441.

Brown, J.C. and Jones, W.E. 1976 A technique to determine Fe efficiency in plants. Soil Sci. Soc. Am. J. 40, 398-405.

Brown, P.H., Nacer, B. Hening, H. e Abhaya, D. 1999. A síntese de sorbital melhorada transgenicamente facilita o transporte de boro do floema e aumenta a tolerância do tabaco à deficiência de boro. *Plant Physiol.* 119: 17-20.

Cakmak, I., 2002. Plant nutrition research: priorities to meet human needs for food in sustainable ways. Plant and Soil 247: 3-24.

Cakmak, I., 2004. Actas da Sociedade   Internacional de Fertilizantes 552. Identificação e correção da deficiência generalizada de zinco na Turquia - uma história de sucesso. York, Reino Unido: Sociedade Internacional de Fertilizantes.

Cakmak, I., 2008. Enriquecimento de grãos de cereais com zinco: biofortificação agronómica ou genética? Plant and Soil 302: 1-17.

Cakmak, I.; Derici, R.; Torun, B. Tolay, I.; Braun, H. J. e Schlegel, R. 1997a. Papel do cromossoma do centeio na melhoria da eficiência do zinco no trigo e no triticale. In: *Plant Nutrition- for sustainable food production and environment*, T. Ando et. al. (Eds), Kluwer Academic Publishers, Tokyo. 237-

241.
Cakmak, I.; Ekiz, H.; Yilmaz, A.; Torun, B.; Kolele, N.; Gultekin, I.; Alkan, A. e Eker, S. 1997b. Resposta diferencial do centeio, triticale, trigo panificável e trigo duro à deficiência de Zn em solos calcários. *Plant and Soil*. 188: 1-10.

Cakmak, I.; Sary, N.; Marschner, H.; Ekiz, H.; Kalayc, A.; Yilmaz, A. e Braun, H. J. 1996b. Libertação de fitossideróforos em genótipos de trigo panificável e duro que diferem na eficiência do Zn. *Plant and Soil*. 180: 183-189.

Cakmak, I.; Sary, N.; Marschner, H.; Kalayci, M.; Yilmaz, A.; Eker, S. e Gulut, K. Y. 1996a. Produção de matéria seca e distribuição de Zn em genótipos de trigo duro e pão que diferem na eficiência de Zn. *Plant and Soil*. 180: 173-181.

Cheng, C. e B. Rerkasem. 1993. Effects of boron on pollen viability in wheat (Efeitos do boro na viabilidade do pólen do trigo). Plant vvvzand Soil 155/156: 313-315.

Chinnamuthu, C.R. e Boopathi, P.M., 2009. Nanotecnologia e Agroecossistema. Madras Agric J 96: 17-31.

Dai, J.L., Zhu, Y.G., Zhang, M., Huang, Y.Z., 2004. Seleção de vegetais enriquecidos com iodo e o efeito residual da aplicação de iodato no solo. Biological Trace Element Research 101: 265-276.

DellaPenna, D., 1999. Nutritional genomics: manipulating plant micronutrients to improve human health (Genómica nutricional: manipulação de micronutrientes vegetais para melhorar a saúde humana). Science, 285:375-379.

Diaz, de la, Garza, R.I., Gregory, J.F. III, Hanson, A.D., 2007. Biofortificação de tomate com folato. Proc Natl Acad Sci USA, 104:4218-4222.

Dong, B.; Rengel, Z. e Graham, R. D. 1995. Morfologia da raiz de genótipos de trigo que diferem em eficiência de Zn. *J. Plant Nutr.* 18: 2761-2773.

Epstein, E. e Bloom, A. (2004) *Plant Nutrition,* Sinauer Associates, Sunderland, MA

Erenoglu, B.; Cakmak, I.; Marschner, H.; Romeheld, V.; Eker, S.; Daghan, H.; Kalaycy, M. e Ekiz, H. 1996. A libertação de fitosideróforos não está bem relacionada com a eficiência do zinco em diferentes genótipos de trigo panificável. *J. Plant. Nutr.* 19: 1569-1580.

Fang, Y., Wang, L., Xin, Z., Zhao, L.Y., An, X.X., Hu, Q.H., 2008. Efeito da aplicação foliar de fertilizantes de zinco, selénio e ferro na concentração de nutrientes e no rendimento do grão de arroz na China. Journal of Agricultural and Food Chemistry 56: 20792084.

Fohse, D.; Classen, N. e Jungk, A. 1988. Phosphorus efficiency of plants. I. Exigências externas e internas de P e eficiência de absorção de P de diferentes espécies de plantas. *Plant and Soil*. 11: 101-109.

Frossard, E., Bucher, M., Machler, F., Mozafar, A., Hurrell, R., 2000. Potencial para aumentar o teor e a biodisponibilidade de Fe, Zn e Ca nas plantas para a nutrição humana. Journal of the Science of Food and Agriculture 80: 861-879.

Fuge, R., Johnson, C.C., 1986. The geochemistry of iodine - a review. Environmental Geochemistry and Health 8: 31-54.

Genc, Y., Humphries, J.M., Lyons, G.H., Graham, R.D., 2005. Exploiting genotypic variation in plant nutrient accumulation to alleviate micronutrient deficiency in populations (Explorando a variação genotípica na acumulação de nutrientes nas plantas para aliviar a deficiência de micronutrientes nas populações). Journal of Trace Elements in Medicine and Biology 18: 319-324.

Gerloff, G. C. 1987. Triagem de plantas intactas para tolerância ao stress por deficiência de nutrientes. *Plant and Soil*. 99: 3-16.

Gibson, R.S., 2006. Zinc: the missing link in combating micronutrient malnutrition in developing countries. Actas da Sociedade de Nutrição 65: 51-60.

Goto, F., Yoshihara, T., Shigemoto, N., Toki, S., Takaiwa, F., 1999. Ferro fortificação de sementes de arroz pelo gene da ferritina da soja. Nature Biotechnology 17: 282-286.

Graham, R. D. 1988 Genotypic differences in tolerance to manganese deficiency (Diferenças genotípicas na tolerância à deficiência de manganês). Em Graham, R.D., R. J. Hannam e N. C. Uren (eds.) Mn in soils and plants, Kluwer Acad. Publ., Dordrecht. pp. 261-284.

Graham, R. D. 1984 Breeding for nutritional characteristics in cereals. Advances in Plant Nutrition, vol. 1 (Tinker, B. e Lauchli, A., eds.), pp. 57-102. Praeger Publishing, Nova Iorque.

Graham, R. D.; Ascher, J. S. e Hynes, S. C. 1992. Seleção de genótipos de cereais eficientes em termos de Zn para solos com baixo teor de Zn. *Plant and Soil*. 146: 241-250

Graham, R. D.; Ascher, J. S.; Ellis, P. A. E. e Shepherd, K. W. 1987. Transferência para o trigo do fator de eficiência do cobre transportado no braço cromossómico 5RL do centeio. *Plant and Soil*. 99: 107-114.

Graham, R., Senadhira, D., Beebe, S., Iglesias, C., Monasterio, I., 1999. Reprodução para a densidade de micronutrientes em porções comestíveis de culturas alimentares de base: abordagens convencionais. Field Crops Research 60: 57-80.

Graham, R.D., Welch, R.M., Saunders, D.A., Ortiz-Monasterio, I., Bouis, H.E., Bonierbale, M., de Haan, S., Burgos, G., Thiele, G., Liria, R. et al., 2007. Sistemas alimentares de subsistência nutritivos. Avanços em Agronomia 92: 1-74.

Grotz N, Fox T, Connolly E et al. 1998 Identificação de uma família de genes de transportadores de zinco de Arabidopsis que respondem à deficiência de zinco

Proc. Natl Acad Sci U.S.A., 95 (12): 7220-7224

Grover, M., Singh, S.S., Venkateswarlu, B., 2012. Nanotecnologia: Âmbito e limitações na agricultura. Jornal Internacional de Nanotecnologia e Aplicação 2(1): 10-38.

Grusak, M.A. e Cakmak, I., 2005. Métodos para melhorar o fornecimento de minerais às culturas para os seres humanos e o gado. Em: Broadley, M.R., White, P.J., (eds.) Plant nutritional genomics. Oxford, Reino Unido: Blackwell, pp. 265-286.

Hansen, N. C.; Jolley, V. D.; Berg, W. A.; Hodges, M. E. e Krenzer, E. G. 1996. Libertação de fitosideróforos relacionada com a suscetibilidade do trigo à deficiência de ferro. *Crop Sci.* 36: 1473-1476.

Harris, D., Rashid, A., Miraj, G., Arif, M., Shah, H., 2007. Preparação de sementes "na exploração" com uma solução de sulfato de zinco - Uma forma rentável de aumentar a produção de milho dos agricultores com poucos recursos. Field Crops Research 102: 119-127.

Jiang, X.M., Cao, X.Y., Jiang, J.Y., Ma, T., James, D.W., Rakeman, M.A., Dou, Z.H., Mamette, M., Amette, K., Zhang, M.L. et al., 1997. Dynamics of environmental supplementation of iodine: four years' experience in iodination of irrigation water in Hotien, Xinjiang, China. Arquivos de Saúde Ambiental 52: 399-408.

Jinghua, G., 2004. Radiação sincrotrónica, espetroscopia de raios X suave e nanomateriais. J. Nanotechnol, 1: 193-225.

Khabaz-Saberi, H.; Robin, D.; Graham, R. D. e Rathjen, A. J. 1997. Variação genotípica da eficiência do Mn no trigo duro (*Triticum turgidium* L. var. *durum*). In: *Plant Nutrition- for sustainable food production and environment*, T. Ando *et. al.* (Eds), Kluwer Academic Publishers, Tokyo. 289-290.

Kirkby, E.A., Johnston, A.E., 2008. O fósforo do solo e dos fertilizantes em relação à nutrição das culturas. In: Hammond, J.P., White, P.J. (eds.) The ecophysiology of plant- phosphorus interactions. Dordrecht, Países Baixos: Springer, 177-223.

Liu, X., Feng, Z., Zhang, S., Zhang, J., Xiao, Q., Wang, Y., 2006. Preparação e teste de compósitos nano-subnano de cimentação de libertação controlada mais lenta de fertilizantes. Scientia Agricultura Sinica, 39: 1598-1604.

Loneragan, J.F., 1997. Nutrição vegetal no século XX e perspectivas para o século XXI. Plant and Soil 196: 163-174.

Lonergan, P. F. (2001) Genetic characterization and QTL mapping of zinc nutrition in barley (*Hordeum vulgare*). Tese de doutoramento, Universidade de Adelaide, Austrália.

Lopez-Bucio, J.; Marinez, de la Vega O; Guevara-Garcia e Herrera-Estrella, L.

2000. Aumento da absorção de fósforo em plantas de tabaco transgénicas que produzem citrato em excesso. *Nature Biotechnology*. 18(4): 450-453.

Lucca, P., Hurrell, R., Potrykus, I., 2001. Abordagens de engenharia genética para melhorar a biodisponibilidade e o nível de ferro nos grãos de arroz. Theoretical and Applied Genetics 102: 392-397.

Lynch, J.P., 2007. Roots of the second green revolution (Raízes da segunda revolução verde). Australian Journal of Botany 55: 493-512.

Lyons, G.H., Stangoulis, J.C.R., Graham, R.D., 2004. Explorar a interação de micronutrientes para otimizar os programas de biofortificação: o caso da inclusão de selénio e iodo no programa HarvestPlus. Nutrition Reviews 62: 247-252.

Maggioni A 1980 Absorção de ferro por raízes excisadas de videira. Vitis 19, 105- 112.

Marschner H 1986 Mineral Nutrition in Higher Plants. Academic Press, Londres Martens, D.C., e Westermann, D.T. 1991. Aplicações de fertilizantes para corrigir a deficiência de micronutrientes. Em "Micronutrients in Agriculture", 2nd edition (J. J.

Mortredt, F.R. Cox, L. M. Shuman, e R. M. Welch, Eds), pp. 549-592. Soil Science Society of America, Madison, WI.

Martini, F., e Thellier, M., 1993, Boron distribution in parenchyma cells of clover leaves. Plant Physiol Biochem 31: 777-786.

Mayer, J.E., Pfeiffer, W.H., Beyer, P., 2008. Culturas biofortificadas para aliviar a malnutrição por micronutrientes. Opinião atual em Biologia Vegetal, 11: 166-170.

Morgan, J.A.W., Bending, G.D., White, P.J., 2005. Biological costs and benefits to plant-microbe interactions in the rhizosphere (Custos e benefícios biológicos das interacções planta-micróbio na rizosfera). Journal of Experimental Botany 56: 1729-1739.

Mori, S. & Nishizawa, N. 1989 Identificação do cromossoma 4H da cevada, possível codificador dos genes da síntese do ácido mugineico a partir do ácido 2'-deoximugineico, utilizando linhas de adição trigo-cevada. Plant Cell Physiol. 30: 1057-1061

Mori, S., Kishi-Nishizawa, N. & Fujigaki, J. 1990 Identificação do cromossoma 5R do centeio como portador do gene da sintase do ácido mugínico e da sintase do ácido 3-hidroximugínico utilizando linhas de adição trigo-centeio. Jpn. Jpn. Genet. 65: 343-352.

Msangi, S., Sulser, T.B., Bouis, A., Hawes, D., Batka, M., 2010. Integrated Economic Modeling of Global and Regional Micronutrient Security. Documento de trabalho HarvestPlus 5. Washington, DC: HarvestPlus.

Nair, R., Varghese, S.H., Nair, B.G., Maekawa, T., Yoshida, Y., Kumar, D.S., 2010. Entrega de material nanoparticulado às plantas. Plant Sci 2010, 179:154-163.

Oury, F.X., Leenhardt, F., Remesy, C., Chanliaud, E., Duperrier, B., Balfourier, F., Charmet, G., 2006. Variabilidade genética e estabilidade da concentração de magnésio, zinco e ferro no grão de trigo panificável. Jornal Europeu de Agronomia 25: 177-185.

Paine, J.A., Shipton, C.A., Chaggar, S., Howells, R.M., Kennedy, M.J., Vernon, G., Wright, S.Y., Hinchliffe, E., Adams, J.L., Silverstone, A.L. et al., 2005. Improving the nutritional value of Golden Rice through increased pro-vitamin A content (Melhorar o valor nutricional do arroz dourado através do aumento do teor de pró-vitamina A). Nature Biotechnology 23: 482-487.

Podlesak, W.; Werner, T.; Grum, M.; Schlegel, R. e Hulgenhof, E. 1990. Genetic differences in the copper efficiency of cereals (Diferenças genéticas na eficiência do cobre nos cereais). M. L. Van Beusichem (Ed.), *Plant Nutrition-Physiology and Application*, Kluwer Academic Publishers. pp. 297-301.

Poletti, S., Gruissem, W., Sautter, C., 2004. A fortificação nutricional dos cereais. Opinião atual em Biotecnologia 15: 162-165.

Randall, P. J. 1995. Genotypic differences in phosphate uptake. In: Genetic manipulation of crop plants to enhance integrated nutrient management in cropping systems. I. Phosphorus: Proceedings of an FAO/ICRISAT Expert Consultancy Workshop. Johnson et al. (Eds.). pp 31-47 International Crop Research Institute for the Semi-Arid and Tropics, Patancheru, Andhra Pradesh, Índia

Reddy, K. B.; Bhaskar, P. V. e Venkaiah, K. 1997. Resposta ao stress de ferro em cultivares de amendoim eficientes e ineficientes em ferro. In: *Plant Nutrition- for sustainable food production and environment*, T. Ando et. al. (Eds), Kluwer Academic Publishers, Tokyo. 255-256.

Rengel Z, Romheld V (2000) Root exudation and Fe uptake and transport in wheat genotypes differing in tolerance to Zn deficiency. Plant Soil 222: 25-34

Rengel, Z. 1995. Carbonic anhydrase activity in leaves of wheat genotypes differing in zinc efficiency. *J. Plant Physiol.* 147: 251-256.

Rengel, Z. 1997. Exsudação radicular e populações de microflora na rizosfera de genótipos de culturas que diferem na tolerância à deficiência de micronutrientes. In: *Plant Nutrition- for sustainable food production and environment*, T. Ando et. al. (Eds), Kluwer Academic Publishers, Tokyo. 243-248.

Rengel, Z. e Graham, R. D. 1995. Os genótipos de trigo diferem na eficiência do Zn quando cultivados em solução nutritiva tamponada com quelato. I. Crescimento. *Plant and Soil*. 176: 307316.

Rengel, Z. e Graham, R. D. 1996. Uptake of zinc from chelate-buffered nutrient solutions by wheat genotypes differing in zinc efficiency. *J Expt. Bot.* 47: 217-226.

Rengel, Z., 2001. Diferenças genotípicas na eficiência da utilização de micronutrientes nas culturas. Comunicações em Ciência do Solo e Análise de Plantas 32: 1163-1186.

Rengel, Z., Batten, G.D., Crowley, D.E.,   1999.   Abordagens   agronómicas   para

Melhorar a densidade de micronutrientes nas porções comestíveis das culturas arvenses. Field Crops Research 60: 27-40.

Rerkasem, B. 1989. Deficiência de boro em leguminosas alimentares no norte da Tailândia. Thai Journal of Soil and Fertilizer 16: 130-152. (Em tailandês com resumo em inglês).

Rerkasem, B. 1990. Deficiência de boro na grama verde (Vigna radiata). In: Actas da Reunião de Mungbean 90. Chiang Mai, Tailândia, 23-24 de fevereiro de 1990.

Rerkasem, B. and Lonergan, J.f., 1994, B deficiency in two wheat genotypes in a warm, subtropical region. Agron. J. 86: 887-890.

Rerkasem, B., R.W. Bell, S. Lodkaew e J.F. Loneragan. 1993. Deficiência de boro em soja, amendoim e grama preta: Sintomas em sementes e diferenças entre cultivares de soja na suscetibilidade a deficiências de boro. Plant and Soil 150: 289294.

Rogers, E. E., Eide, D. & Guerinot, M. L. (2000) Alterações na seletividade de um transportador de metais de *Arabidopsis*. Proc. Natl. Acad. Sci. U.S.A. 97: 12356-12360

Romheld, V. 1998. A interface solo-raiz (rizosfera): A sua relação com a disponibilidade de nutrientes e a nutrição das plantas. In: *Workshop internacional sobre o papel dos factores ambientais e biológicos na aquisição de elementos tóxicos e essenciais pelas plantas*. Instituto de Investigação de Pomologia e Floricultura, Skierniewice. pp. 4158.

Romheld, V. (1987) Different strategies for iron acquisition in higher plants. Physiol. Plant 70: 231-234.

Rude, R.K. e Gruber, H.E., 2004. Deficiência de magnésio e osteoporose: observações em animais e humanos. Journal of Nutritional Biochemistry 15: 710-716. Saric, M. R. 1987. Progresso desde o primeiro simpósio internacional: "Genetic aspects of aaaaplant mineral nutrition". Beogard, 1982, e perspectivas de investigação futura. *Plant aaaaand Soil*. 99: 197-209.

Schaub, P., Al-Babili, S., Drake, R., Beyer, P., 2005. Porque é que o Golden Rice é dourado (amarelo) em vez de vermelho? Plant Physiol 138: 441-450.

Schenk, M. K. e Barber, S. A. 1979. Características da raiz de genótipos de milho relacionadas com a absorção de fósforo. *Agron. J.* 71: 921-924.

Schlegel R, Kynast R, Schwarzacher T, Romheld V e Walter A 1993 Mapping genes for Cu efficiency in rye and the relationship between Cu and Fe efficiency. Plant Soil 154, 61-65.

Schlegel R, Cakmak I, Toran B, Eker S e Koleli N 1997 The effect of rye genetic information on zinc, copper, manganese and iron concentration of wheat shoots in zinc deficient soil. Cereal Res. Commun. 25, 177-184.

Schmidt, W., 1999. Mechanisms and regulation of reduction-based iron uptake in plants. New Phytologist 141: 1-26.

Sekhon, B.S., 2010. Nanotecnologia alimentar - uma visão geral. Nanotecnologia, Ciência e Aplicações, 3: 1-15.

Shuman, L.M., 1998. Fertilizantes com micronutrientes. Journal of Crop Production 1: 165195.

Smith, S.E., Read, D.J., 2007. Mycorrhizal symbiosis, 3rd edn. Londres, Reino Unido: Elsevier.

Storozhenko, S., De Brouwer, V., Volckaert, M., Navarrete, O., Blancquaert, D., Zhang, G.F., Lambert, W., Van Der Straeten, D., 2007. Folate fortification of rice by metabolic engineering (Fortificação do arroz com folato por engenharia metabólica). Nat Biotechnol.

Subramanian, K.S., Paulraj, C., Natarajan, S., 2007. Gestão de nutrientes para plantas através de nanofertilizantes. In: Application of Nanotechnology in Agriculture, Chinnamuthu, C.R., Chandrasekaran, B., Ramasamy, C. (Eds), Tamil Nadu Agricultural University, Coimbatore, Índia.

Thacher, T.D., Fischer, P.R., Strand, M.A., Pettifor, J.M., 2006. Raquitismo nutricional em todo o mundo: causas e direcções futuras. Annals of Tropical Paediatrics 26: 1-16.

Varanini Z e Maggioni A 1982 Fe reduction and uptake by grapevine roots. J. Plant Nutr. 5, 521- 529.

Weiss, M. G. 1943 Herança e fisiologia da eficiência na utilização de ferro na soja. Genética 28: 253-268

Welch, R.M. e Graham, R.D., 2002. Breeding crops for enhanced micronutrient content. Plant and Soil 245: 205-214.

Welch, R.M. e Graham, R.D., 2004. Breeding for micronutrients in staple food crops from a human nutrition perspective. Journal of Experimental Botany 55: 353-364.

Welch, R.M. e Graham, R.D., 2005. Agriculture: the real nexus for enhancing bioavailable micronutrients in food crops. Journal of Trace Elements in Medicine and Biology 18: 299-307.

Welch, R.M. e House, W.A., 1995. Factores da carne em produtos de origem animal que aumentam a biodisponibilidade do ferro e do zinco: Implicações para a melhoria da qualidade nutricional de sementes e grãos. In: *1995 Cornell nutrition conference for feed manufacturers*. Ithaca, NY: Department of Animal Science and Division of Nutrition, Cornell University Agricultural Experiment Station, 58-66.

Welch, R.M., 1996. Ponto de vista: a melhor estratégia de melhoramento consiste em aumentar a densidade de compostos promotores e de minerais micronutrientes nas sementes; há que ter cuidado ao reduzir os antinutrientes nas culturas alimentares de base. Micronutr. Agric. 1: 20-22.

Welch, R.M., 1999. Importância das reservas de nutrientes minerais das sementes no crescimento e desenvolvimento das culturas. Em: Rengel, Z. (ed.) Mineral nutrition of crops: Fundamental mechanisms and implications. Nova Iorque, NY, EUA: Food Products Press, 205226.

Wheal, M. S., Heller, L. I., Norvell, W. A. & Welch, R. M. 2001 Determinação por cromatografia líquida de fase reversa de fitometalóforos de espécies de captação de Fe da Estratégia II por fluorescência do clorofórmio de 9-fluorenilmetilo. J. Chromatogr. A 942:   177-183.

White, J.G. e Zasoski, R.J., 1999. Mapeamento dos micronutrientes do solo. Field Crops Res 60:11-26.

White, P.J. e Broadley, M.R., 2005. Biofortificação de culturas com elementos minerais essenciais. Trends in Plant Science 10: 586-593.

White, P.J. e Hammond, J.P., 2008. Nutrição de fósforo em plantas terrestres. Em: White, P.J., Hammond, J.P. (eds.) The ecophysiology of plant-phosphorus interactions. Dordrecht, Países Baixos: Springer, 51-81.

White, P.J., Broadley, M.R., Greenwood, D.J., Hammond, J.P., 2005. Actas da Sociedade Internacional de Fertilizantes 568. Genetic modifications to improve phosphorus acquisition by roots (Modificações genéticas para melhorar a aquisição de fósforo pelas raízes). York, Reino Unido: Sociedade Internacional de Fertilizantes.

OMS (Organização Mundial de Saúde) e FAO (Organização das Nações Unidas para a Alimentação e a Agricultura) 2006. Directrizes sobre Fortificação de Alimentos com Micronutrientes. Genebra.

Winkler, J.T., 2011. Biofortificação: melhorar a qualidade nutricional das culturas de base In: Smith-Gordon London UK ISBN 9-781-85463-245-6.

Zhang, F., 2006. Efeitos do fertilizante de libertação lenta/controlada cimentado e revestido por nanomateriais na biologia. II. Efeitos do fertilizante de libertação lenta/controlada cimentado e revestido por nanomateriais nas plantas, Nanoscience, 11, 18-26.

I want morebooks!

Buy your books fast and straightforward online - at one of world's fastest growing online book stores! Environmentally sound due to Print-on-Demand technologies.

Buy your books online at
www.morebooks.shop

Compre os seus livros mais rápido e diretamente na internet, em uma das livrarias on-line com o maior crescimento no mundo! Produção que protege o meio ambiente através das tecnologias de impressão sob demanda.

Compre os seus livros on-line em
www.morebooks.shop

Printed by Books on Demand GmbH, Norderstedt / Germany